平成21年6月改正対応

建設業者のための
独占禁止法入門

はじめに

　本書は、第二東京弁護士会経済法研究会に所属する弁護士有志が執筆したもので、執筆にあたった弁護士は、独禁法の実務に通じ、研究会の活動にも目覚しい活躍を見せている若手たちです。

　彼らは、独禁法をテーマにした今までの建設業向けの書籍はわかりにくく専門的すぎるのではないか、との印象を持ちました。そして、イラストや図表を使えば、わかりやすく解説でき、ポイントもより明確にできるのではないかと考え、本書の執筆を企画したものです。

　執筆は昨年7月から開始しました。昨年、すでに国会に提出されていた独禁法改正案を視野に入れて作業を進め、おりしも初校を終えた直後に今年度国会で改正独禁法が成立するという幸運に恵まれました。

　本書は、建設業に携わる方々を対象としていることから、主として談合および建設業界にとってありそうな独禁法にかかわる事例を挙げています。

　この改正法は、課徴金納付命令の対象となる独禁法違反行為の範囲を、不当廉売、優越的地位の濫用など一部の不公正な取引方法へと広げており、また刑事罰の強化も盛り込んでいます。他方、課徴金減免を申請することができる者の数を増やし、同一企業グループ内の数社による減免申請は1社によるものと認めるとし、課徴金減免制度を利用しやすくしています。この課徴金減免制度の存在により、談合・カルテルは、多くの場合、これら参加者からの申請によって露見することとなり、公正取引委員会による調査・処分の事例も、これから増加の一方をたどることが予想されます。

　談合等、独禁法違反行為を行うと、指名停止、高額の課徴金の賦課、

刑事処分、またその後の発注者からの民事上の損害賠償請求など、社業にとって大きな痛手となる結果を招きます。したがって、本書が独禁法違反行為を行わないよう会社の体制を整える一助となれば、執筆者一同、望外の喜びと存じます。

　なお、本書が出版されるころは、いまだ改正独禁法が施行されておらず、本書中「改正独禁法では」との記述がある部分は、この点を十分留意のうえ参考としてくださるようお願い申し上げます。

　次に、本書中に使用した専門用語は、読みやすさを考え、必ずしも法令または専門書で使用されている用語に倣っていない場合があることにご留意ください。

　最後に、本書執筆にあたり、いつも温かく指導、激励してくださった清文社編集第三部の永見俊博氏に対し、監修者・執筆者一同、厚く感謝の意を表します。

2009年7月

メンバーを代表して
監修者　渡邉　新矢

はじめに

第1章 独禁法と建設業

- Q1 独禁法とはどのような法律か　2
- Q2 独禁法により禁止されている行為　3
- Q3 建設業の典型的な独禁法違反行為　4
- Q4 平成21年改正独禁法の概要　6
- Q5 建設業者にとって改正独禁法で特に注意すべき点は　8

第2章 談合と建設業

- Q6 談合はどのようにして成立するのか　10
- Q7 談合はなぜ許されないのか　12
- Q8 入札ガイドラインとはどういったものか　13
- Q9 談合はどの時点で成立するのか　14
- Q10 担当者の独断であっても談合になるのか　16
- Q11 談合破りのペナルティーがなくても談合になる？　17
- Q12 談合破りによって談合が破綻した場合の取扱い　18
- Q13 「天の声」があっても、なお談合は成立するのか　19
- Q14 倒産を避けるための談合なら許されるか　21
- Q15 談合のルールを決める場に同席していた場合は　22
- Q16 同業者の受注意欲を確認しただけでも談合になる？　24
- Q17 別の指名業者に下請をさせたら談合になるのか　25
- Q18 業界団体に指名を受けたことを報告しても談合になる？　26

Q19	JVの組合せを話し合ったら談合になるのか		27
Q20	業界団体に特別会費を払ったら談合になる？		28
Q21	資材の価格について情報交換をしたら談合になるか		29
Q22	共同研究開発を行ったら談合になるか	30	
Q23	民間工事であれば談合は関係ないか	31	
	コラム ★ 談合はどうやって認定されるのか		32

第3章 不公正な取引方法と建設業

Q24	採算割れでの応札は独禁法に違反するのか		34
Q25	非会員に対して取引の拒絶をしたら独禁法違反か		36
Q26	組合経由以外の販売を禁止した場合	38	
Q27	独禁法上、下請業者との関係で注意すること		39
	コラム ★ 不公正な取引方法アレコレ	42	

第4章 独禁法違反に対する制裁

Q28	独禁法が課す制裁とは？	44	
Q29	課徴金の金額はどのように決まるのか		46
Q30	課徴金は何年前までの談合に課されるか		48
Q31	談合以外の場合の課徴金は？	49	
Q32	課徴金の対象となる売上額とは？	50	
Q33	課徴金の減免申請とは？	52	
Q34	課徴金減免申請の方法	54	
Q35	親子会社で課徴金減免制度を利用できるか		57
	コラム ★ 談合はいつからあったの？		58
Q36	排除措置命令とはどのようなものか	59	
Q37	事業を譲り受けた場合の制裁の扱いは	60	
Q38	独禁法違反で刑を科されるのは誰か	61	
Q39	談合を行うと必ず独禁法上の刑を科されるのか		62
Q40	独禁法とは別に刑法で刑を科されるのは	63	

Q41	独禁法・刑法による制裁以外の不利益は何があるのか	64
Q42	指名停止の期間	66
Q43	営業停止の期間	68
Q44	営業停止中に行えない行為・行える行為	70
Q45	損害賠償の金額	72
	コラム ★ 談合をすると実刑になる？	74

第5章 公正取引委員会の調査手続

Q46	公正取引委員会の調査はどのようなものか	76
Q47	立入検査はどのようなものか	79
Q48	立入検査の後はどうなるのか	80
Q49	公正取引委員会に反論はできるのか	82
Q50	事情聴取の際の心得は	84
Q51	公正取引委員会への不服申立の仕方	86
	コラム ★ 公正取引委員会はどのようなところ？	88

資料

資料1	独占禁止法改正法の概要（抄録）	90
資料2	課徴金の減免に係る報告書 様式第1号（抄録）	94
	課徴金の減免に係る報告書 様式第2号（抄録）	95
	課徴金の減免に係る報告書 様式第3号（抄録）	97
資料3	談合に課された最近の課徴金額の例	99
資料4	公正取引委員会の窓口一覧（地方事務所を含む）	101

Book designed & Illustrated by Tetsuya Takahashi

*1 本文中、次のような略記をしているところがあります。
　　独禁法…………私的独占の禁止及び公正取引の確保に関する法律
　　改正独禁法……平成21年6月に改正された私的独占の禁止及び
　　　　　　　　　公正取引の確保に関する法律
　　下請法…………下請代金支払遅延等防止法
*2 平成21年7月31日現在、一部を除き、改正独禁法は施行されていません。
*3 本書は平成21年7月31日現在の情報をもとに作成されています。

第1章

独禁法と建設業

1 独禁法とはどのような法律か

Q ▶ 独禁法とはどのような法律ですか。

A ▶ 業者間の自由な競争を確保し、国民経済の発展を促進するための法律です。

　自由主義経済の社会では、さまざまな業者が、商品およびサービスの質・値段を競い、切磋琢磨して、より良質で低価格の商品およびサービスを生み出し、社会を発展させます。ところが、業者が談合などを行い、競争を止めてしまうと、自由主義経済の長所が失われてしまいます。

　そこで独禁法は、業者間の自由な競争を確保するため、各種の行為を禁止しています。禁止されている主要な行為は、
　① 私的独占
　② 不当な取引制限（談合など）
　③ 不公正な取引方法
です。

　独禁法により禁止されている主要な行為の概要は、次頁をご覧ください。

ポイント

　独禁法は、正式名称を「私的独占の禁止及び公正取引の確保に関する法律」といい、アメリカ法を参考に昭和22年に制定された法律です。

2 独禁法により禁止されている行為

> **Q** ▶ 独禁法により禁止されている行為には、どのようなものがありますか。
>
> **A** ▶ 独禁法は、主に①私的独占に該当する行為、②不当な取引制限（談合など）に該当する行為、③不公正な取引方法（ダンピング受注など）に該当する行為を禁止しています。

私　的　独　占：他の業者の事業活動を排除または支配することによって、一定の市場における競争を実質的に制限することです。

不当な取引制限：他の業者と共同して価格を決定するなどして、一定の市場における競争を実質的に制限することです。典型的なものとしては、談合がこれにあたります。

不公正な取引方法：独禁法が列挙する行為で、公正な競争を害するおそれがあるものです。たとえばダンピング受注がこれにあたります。

● 独禁法の考え方

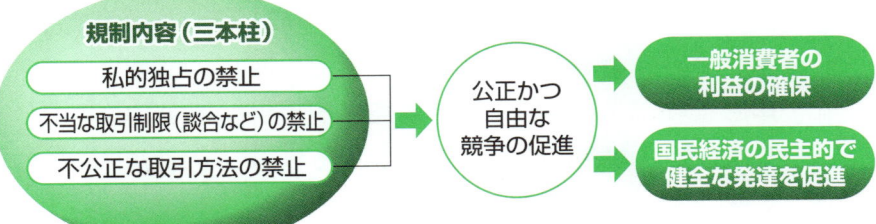

3 建設業の典型的な独禁法違反行為

Q 建設業者が独禁法違反を指摘される典型的な行為には、どのようなものがありますか。

A 談合が最も典型的です。

　建設業者が公正取引委員会から独禁法違反を指摘された事例の多くは、談合です（談合については**Q6**参照）。

■**沖縄県の談合事件**
　たとえば、平成18年3月、沖縄県が発注する土木・建築工事についての談合事件で、公正取引委員会は、延べ203社に排除措置命令を出し、延べ171社に合計30億円あまりの課徴金納付命令を出しました（巻末資料3）。
　この排除措置命令は、建設業者らが、沖縄県が発注する土木・建築工事について、受注価格の低落防止および受注機会の均等化を図るため、研究会と称する会合で、
　① 受注希望者が1名のときは、その業者を受注予定者とする
　② 受注希望者が複数のときは、工事場所、受注の状況、過去に受注

ポイント
　談合は、従来も、公正取引委員会独自の調査や一般からの申告などによって露見していましたが、平成18年に課徴金減免制度（**Q33**）が導入されてからは、談合に参加した業者自身の申告（課徴金減免申請）により露見する可能性が飛躍的に高まりました。「談合してもわからないだろう」という発想は決して通用しません。

した工事との継続性等の事情を勘案して、受注希望者間の話合いにより受注予定者を決定する

③　この話合いにより受注予定者を決定できないときは、受注希望者以外の入札参加者の多数決により受注予定者を決定する

④　受注予定者以外の入札参加者は、事前に公表された予定価格等または受注予定者が決めた価格以上の金額で入札し、受注予定者に協力する

⑤　受注予定者以外の者が、受注予定者の定めた価格より低い価格で受注した場合等には、「ペナルティー」と称して、その者が研究会において受注希望を表明することを一定期間禁止する

などの合意をしていたとして、独禁法違反を認定しています。

■談合以外の典型的な行為

　談合のほかに、建設業者が独禁法違反を指摘される可能性が比較的高いものとしては、不当廉売（いわゆるダンピング受注。Q24）、共同の取引拒絶（いわゆる共同ボイコット。Q25）、拘束条件付取引（Q26）、優越的地位の濫用（Q27）などが挙げられます。これらは、いずれも不公正な取引方法（Q2）のひとつです。

● 建設業者の独禁法違反

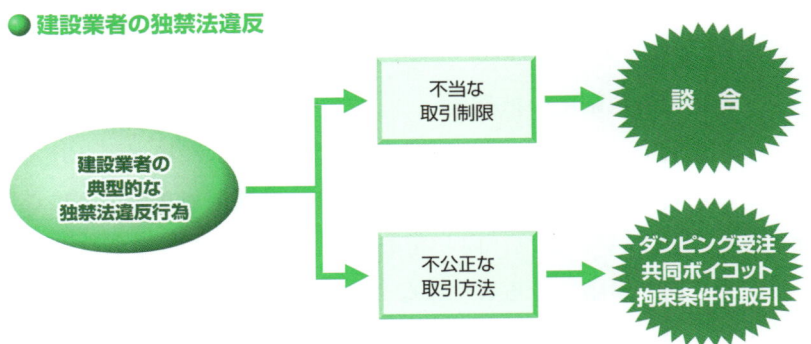

4 平成21年改正独禁法の概要

Q 平成21年6月に独禁法が改正されたようですが、どのような改正がなされたのですか。

A ①課徴金制度等の見直し、②不当な取引制限の罪に対する懲役刑の引上げ、③企業結合規制の見直しなどです。

平成21年6月に改正独禁法が成立しました（巻末**資料1**）。改正点は多岐にわたり、建設業界のみならず、広く経済界に大きな影響を与える内容になっています。主なものは次のとおりです。

■**課徴金制度等の見直し**

① 課徴金の対象となる行為類型の拡大

　改正前は、課徴金の対象は、談合などの不当な取引制限（**Q2**）や私的独占（**Q2**）の一部に限られていましたが、今回の改正で対象が拡大しました（**Q31**）。

② 主導的事業者に対する課徴金の割増し

　今回の改正で、談合などの不当な取引制限を行うにあたって主導的な役割を果たした業者については、課徴金が5割増となりました（**Q29**）。

③ 課徴金減免制度の拡充

　改正前は、課徴金減免制度を利用できるのは、最大限3社までしたが、今回の改正で、最大限5社まで利用できるようになりました（**Q33**）。また、同一企業グループ内にある業者については、共同で申請できるようになりました（**Q35**）。

④　事業を承継した一定の業者に対する命令

改正前は、会社分割などの事業再編により違反対象事業を承継した業者が排除措置命令（**Q36**）・課徴金納付命令（**Q29**）の対象になるか、という問題がありましたが、今回の改正で、事業を承継した一定の業者が排除措置命令・課徴金納付命令の対象になることが明らかになりました（**Q37**）。

⑤　除斥期間の延長

改正前は、談合などの違反行為がなくなってから排除措置命令・課徴金納付命令を出せる期間（除斥期間）が3年でしたが、今回の改正で、5年に延長されました（**Q30**）。

■**不当な取引制限の罪に対する懲役刑の引上げ**

改正前は、談合などの不当な取引制限を行った場合の懲役刑の上限が3年でしたが、今回の改正で5年に引き上げられました（**Q38**）。

■**企業結合規制の見直し**

独禁法は、従来から競争を制限することとなる企業結合を規制していますが、今回の改正で、手続（株式取得における事前届出制）や基準（届出基準等）が変更されました。

■**その他**

利害関係人による審判（**Q51**）の事件記録の閲覧・謄写規定の見直し、事業者団体（**Q8**）の届出制度の廃止などがあります。

5　建設業者にとって改正独禁法で特に注意すべき点は

Q ▶ 改正独禁法のなかで、建設業者にとって特に注意すべき点は何ですか。

A ▶ ①課徴金減免申請が可能な申請者数の拡大、②主導的事業者に対する課徴金の割増し、③刑罰の強化、④課徴金の対象となる行為類型の拡大です。

■課徴金減免申請が可能な申請者数の拡大（Q33）

改正独禁法は、課徴金減免を申請することのできる業者の数を最大限3社から5社に拡大し、より利用しやすいものとしました。課徴金減免制度の利用をより積極的に検討するとよいでしょう。

■主導的事業者に対する課徴金の割増し（Q29）

改正独禁法では、談合を計画し、他の者をこれに誘い込むなど主導的な役割を果たした業者には通常の1.5倍の課徴金が課されることとなります。談合を行えば、業者に大きな経済的制裁が加えられることを忘れてはいけません。

■刑罰の強化（Q38）

改正独禁法では、刑罰（懲役刑）が3年以下の懲役から5年以下の懲役に引き上げられ、実刑判決が出される可能性が大きくなりました。談合が重大な犯罪であることを、改めて認識しましょう。

■課徴金の対象となる行為類型の拡大（Q31）

改正独禁法では、課徴金の対象となる独禁法違反の行為類型を拡大していますので、ダンピング受注など談合以外の点でも独禁法に違反しないように注意しましょう。

第2章

談合と建設業

6 談合はどのようにして成立するのか

Q ▶「談合」はどのような場合に成立するのですか。

A ▶ 複数の業者が合意によって受注予定者や入札価格等を決めた場合に成立します。

　独禁法の「不当な取引制限」として禁止される「談合」とは、国や地方公共団体等が発注する入札において、複数の業者が、あらかじめ合意によって、受注予定者や入札価格等を調整するルールを決めたり、実際に受注予定者や入札価格等を決めるような場合をいいます。

■合意とは

　この「合意」には、口頭の合意や暗黙のうちの合意（「黙示の合意」）も含まれ、談合が成立しますし、お互いにあうんの呼吸で歩調を合わせるような場合にも談合が成立したとされることがあります（以下、本書でいう「合意」には、あうんの呼吸で歩調を合わせる場合も含みます）。

　したがって、たとえばA建設とB建設が共同して受注予定者や入札価格等を決めるという内容の書面（合意書、覚書等）を交わした場合はもちろん、「一緒に受注予定者や入札価格を決めましょう」などと口頭で合意をした場合にも談合は成立します。

■黙示の合意

　上記のような明示の合意をした場合のみならず、A社が、すでに談合を行っているX市発注の公共工事と同じようにY県発注の公共工事について「Y県もよろしく」といい、それを聞いたB社が、A社が談合を持ちかけていることを理解したうえで「もちろんです」と答えたような場合にも、黙示の合意があったとして、Y県が発注する工事に

ついての談合が成立したとされます。

■ **典型的な談合**

　談合とみなされる行為の典型例は、業者間で合意して、公共的な入札の受注予定者を選定するルールを定めること、入札価格を決めるルールを定めること、各業者の受注件数や割合を決めること、実際に各工事の受注予定者・入札価格・最低入札価格等を決めることなどです。

　また、他の業者との間で受注意欲について情報交換すること、入札価格について情報交換することなども、談合を行ったとされる可能性が高い行為です（**Q16～Q21**）。

> **ポイント**
> 　談合の成否は個別の事案ごとに具体的に判断されますが、かなり幅広く認められると考えたほうがよいでしょう。はっきりとした合意や書面がないからといって、談合が成立しないとは限らず、むしろ、他の業者との間で、受注予定者や入札価格等について何らかの話合いをした場合には、談合とみなされる可能性が高いと考えられます。

7 談合はなぜ許されないのか

> **Q** 談合はなぜ許されないのですか。

> **A** 入札における業者間の競争をなくしてしまい、結果として社会的な損失をもたらすからです。

　業者が談合を行うと、業者間での競争がなくなるため、落札額が高止まりしたり、談合に参加した業者のみが受注の機会を得られるなど、公正な入札ができなくなります。他方で、発注者である官公庁は、少しでも安い金額で発注するために入札を行っているにもかかわらず、高い買い物を強いられ、税金のムダ遣いとなって、社会的な損失を招くことになります。そこで、業者間の自由競争をなくし、公正な入札が妨げられる談合が禁止されるのです。

■「あたりまえ」の時代は過去

　従来、建設業をはじめとする一部の業界で、談合があたりまえの慣習のように行われていたことは否めません。しかし、社会が業者に対し徹底した透明性・公正性を求めるようになった近年は、談合に対する目は大変厳しく、公正取引委員会による取締りも活発になっていますので、もはや、談合は許されない違法行為として社会に認知されたといってよいでしょう。

8 入札ガイドラインとはどういったものか

Q ▶ 公正取引委員会が、建設業者が公共工事の入札に参加するにあたって注意すべき指針をつくっていると聞いたのですが、どのようなものですか。

A ▶ それは「入札ガイドライン」と呼ばれ、独禁法上問題になる行為を具体的に挙げたものです。

　入札ガイドラインは、正式名称を「公共的な入札に係る事業者及び事業者団体*の活動に関する独占禁止法上の指針」といい、談合の防止を図るとともに、業者と業界団体の適正な活動に役立てることを目的として、公正取引委員会が平成6年7月につくった指針です。

　　*　「事業者団体」とは、業界団体のことですが、ここには社団法人や財団法人といった法律に基づく団体はもちろん、業者が任意に集まって作る団体も含まれます。具体的には、○○工業会、○○協会、○○協議会、○○組合、○○連合会といったものです。独禁法は、個々の業者の行為だけではなく、団体としての行為も規制しています。

　入札ガイドラインには、業者と業界団体のどのような活動が独禁法上の問題となるのかについて、具体例が挙げられています。この入札ガイドラインは、公正取引委員会のホームページから無料でダウンロードすることができます（http://www.jftc.go.jp/dk/kokyonyusatsu.html）。

9 談合はどの時点で成立するのか

Q ▶ 当社は、最近、同業者の集まる会合で、X市が今後行う入札においては、一定のルールに基づいて受注予定者を選ぶことを合意して、そのルールを決めました。ところが、当社が実際の入札に参加する前に、公正取引委員会の調査がなされ、そのルールは破棄されてしまいました。このような場合でも、当社は談合を行ったことになってしまうのでしょうか。

A ▶ 談合を行ったことになります。

　一般的に談合は、①業者間で話し合って、受注予定者や入札価格等の調整を行うルールを決め、②その後、実際に行われる入札において、事前に決めたルールに基づいて受注予定者や入札価格等を決定する、という過程をたどります。

　実務上、①のルールを決める合意を「基本合意」、②の受注予定者や入札価格等を決める合意を「個別合意」と呼びます。

● 基本合意と個別合意の違い

合意の種類	合意の考え方
基本合意	受注予定者や入札価格等の調整を行うためのルールを決める合意
個別合意	個別の工事について受注予定者や入札価格等を決める合意

■談合の成立時点

　では、談合はどの時点で成立するのでしょうか。①の「基本合意」の

時点でしょうか。それとも、②の「個別合意」の時点でしょうか。

　この点、独禁法で談合が禁止されている理由は、談合が市場における自由な競争を制限するからです（**Q7**）。①の「基本合意」がなされれば、以後、入札の行われる公共工事について競争が制限されることになるので、そのような合意をすることを禁止する必要があります。したがって、①の「基本合意」がなされた時点で談合は成立します。

■ **本問の場合**

　ご質問のケースでは、すでに貴社を含む会合に参加した業者の間で、受注予定者の割振りのルールを決めていますから、すでに基本合意があるといえます。基本合意があれば、その後、貴社が実際に行われた入札に参加せず、他社との間で個別合意をしなかったとしても、談合を行ったことになります。

　なお、実際には、基本合意がいつごろなされたのか不明のまま、古くからのルールに従って、受注予定者や入札価格等を決めているケースも多いと思われますが、この場合でも、談合を行ったことになるのは当然です。

10　担当者の独断であっても談合になるのか

Q ▶ 担当者が独断で談合を行い、社長や役員はそのことをまったく知らなかった場合にも、当社が談合をしたことになるのでしょうか。

A ▶ 担当者の独断であっても、会社が談合をしたことになります。

　談合が行われるとき、社長をはじめとする経営陣までがその事実を知っているとは限りません。むしろ多くの場合、担当者が自己の判断によって他の業者と話合い、談合を行うというのが実情でしょう。

　しかし、このような場合であっても、担当者の行為は会社の行為と同視され、会社が談合を行ったものと扱われてしまいます。したがって、「一担当者の独断にすぎない」と安心することは禁物です。

　このようなことを防ぐには、まずは、社長をはじめとする経営陣が独禁法に対する意識を高め、日ごろから、本気で、社員に対し独禁法遵守の意識を高めるよう訴えていくことが必要でしょう。社長が、利益よりも法令遵守を重視する姿勢を明確に打ち出すことこそが、何よりも重要です。

ポイント

　社員の独禁法遵守の意識を高める工夫としては、社長が談合撲滅宣言を発表すること、コンプライアンスマニュアルや独禁法遵守マニュアルを作成すること、弁護士等による研修を行うことなどが考えられます。

11 談合破りのペナルティーがなくても談合になる?

Q 当社は、最近、同業者の集まる会合で、X市が今後行う入札においては、一定のルールに基づいて受注予定者を選ぶことなどを決めました。しかし、ルールを破った場合のペナルティーは設けていません。この場合も談合を行ったことになるのでしょうか。

A 談合を行ったことになります。

　談合が成立するのは、会合に参加した業者間に、受注予定者や入札価格等に関する合意がある場合ですが (Q9)、この合意のほか、さらに合意を実行あらしめるためのペナルティーまでは不要とされています。

　なぜなら、参加者はペナルティーがなくても、自ら合意したルールには従うと考えられ、自由な競争による入札が妨げられるからです。

　したがって、談合破りのペナルティーの「ある」「なし」は談合の成否には関係なく、受注予定者や入札価格等の調整を行うルールを決めさえすれば、談合は成立することになります。

12　談合破りによって談合が破綻した場合の取扱い

Q ▶ 談合を行いましたが、うち1社が合意に反して安価で受注してしまいました。このような場合にも談合とみなされるのでしょうか。また、談合に参加した業者がどこも落札しなかった場合はどうでしょうか。

A ▶ いずれも談合とみなされます。

　談合は、業者間で話し合って、受注予定者や入札価格等の調整を行うルールを決めるという「基本合意」を行っただけでも成立します（Q9）。したがって、個別の工事について、受注予定者とはされなかった業者が合意に反して安価で受注した場合や、談合に参加した業者がどこも落札できなかった場合にも、それによって談合の成立が否定されるわけではありません。

ポイント

　談合破りをした業者も、それだけでは、談合から抜け出したことになりません。談合から抜け出すためには、今後は談合に加わらないという意思を他の業者に明確に伝えるなどする必要があります。

料金受取人払郵便

神田支店承認

542

差出有効期間
平成23年1月
31日まで
（切手不要）

郵便はがき

1 0 1 - 8 7 9 1

5 2 1

東京都千代田区神田司町2－8－4
　　　　　（吹田屋ビル5F）

株式会社 清文社 行

ご住所 〒（　　　　　　　）

ビル名　　　　　　　　　　（　　階　　　号室）

貴社名

　　　　　　　　　　部　　　　　　　課

ふりがな
お名前

電話番号　　　　　　　　｜ご職業

E－mail

※本カードにご記入の個人情報は小社の商品情報のご案内、またはアンケート等を送付する目的にのみ使用いたします。

愛読者カード

ご購読ありがとうございます。今後の出版企画の参考にさせていただきますので、ぜひ皆様のご意見をお聞かせください。

■本書のタイトル (書名をお書きください)

1. 本書をお求めの動機

1. 書店でみて(　　　　　　　　　　) 2. 案内書をみて
3. 新聞広告(　　　　　　　　　　) 4. 雑誌広告(　　　　　　　　　)
5. 書籍・新刊紹介(　　　　　　　　) 6. 人にすすめられて
7. その他(　　　　　　　　　　)

2. 本書に対するご感想 (内容、装幀など)

3. どんな出版をご希望ですか (著者・企画・テーマなど)

■小社新刊案内 (無料) を希望する　1. 郵送希望　2. メール希望

13 「天の声」があっても、なお談合は成立するのか

Q 当社は、X市の発注担当者から、予定価格等の情報を得て入札に参加したのですが、それでも当社に談合が成立するのでしょうか。悪いのはX市のほうだと思うのですが……。

A X市の発注担当者の行為については官製談合防止法が適用され、貴社には談合が成立します。

　国、地方公共団体などが発注する公共工事について、発注者である官公庁の側が予定価格等の情報を流したり、入札に参加する業者に工事を割り振るなどし、それに基づいて業者が談合を行うという、いわゆる「官製談合」が行われることがあります。このような場合は、談合により直接に損害を被るはずの官公庁までもが、談合を引き起こす側に立っていることになります。

　しかし、「天の声」に従って官製談合が行われた場合であっても、業者に談合が成立することには何ら変わりがなく、業者が免責されることはありません。

　また、発注者の役職員の行為については、「入札談合等関与行為の排除及び防止並びに職員による入札等の公正を害すべき行為の処罰に関する法律」（官製談合防止法）が適用され、発注者の長が公正取引委員会から改善措置を求められるほか、談合に関与した役職員個人も、刑罰・懲戒・損害賠償請求を受けることがあります。

■官製談合防止法が適用される行為の例

　官製談合防止法が適用されるのは、たとえば、国、地方公共団体などの役職員が以下のような行為をした場合です。

① 業者ごとの年間受注予定額を示して、業者間で調整するよう求めた場合
② 受注予定者を指名したり、受注してもらいたい業者を示唆した場合
③ 秘密とされている予定価格を業者に漏洩した場合
④ 業者が談合をしやすいよう、業者の依頼を受けて特定の業者を入札参加者に指名した場合

● **官製談合に対してとられる可能性のある措置等**

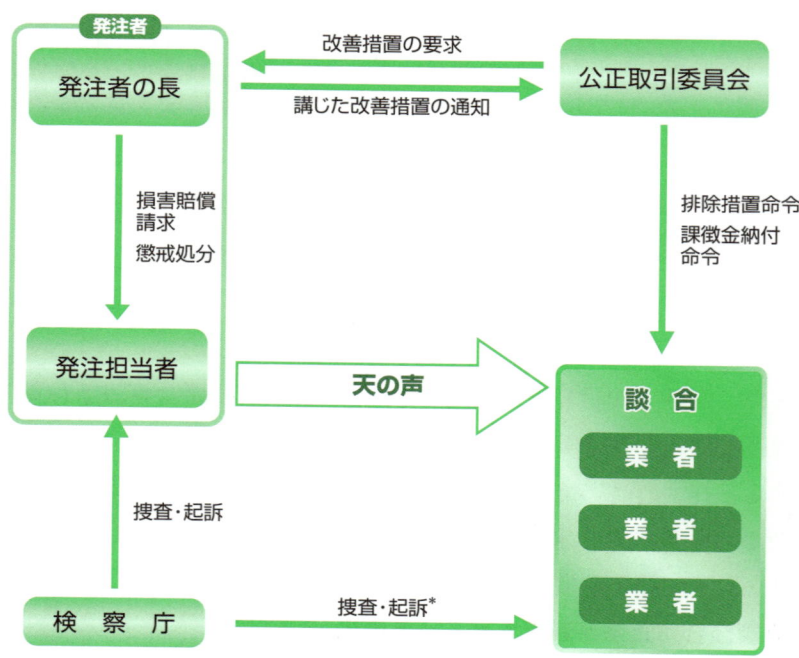

＊独禁法上の刑罰に関しては、公正取引委員会の告発が必要です

第 2 章 ● 談合と建設業

14 倒産を避けるための談合なら許されるか

Q 当社は他の業者と協議し、落札者を事前に決めていますが、経営が厳しく、談合をしなければ倒産してしまいます。このような場合なら、談合は許されるのではないでしょうか。

A 談合が正当化されることはなく、許されません。

談合を行う業者には、倒産を避けたい、従業員の雇用を確保したい、工事の質や安全を確保したいなど、さまざまな動機・目的があります。

しかし、どのような動機・目的があったとしても、談合によって落札価格が高止まりし、税金のムダ遣いとなって社会的な損失を招くことに変わりはありません。

談合が正当化されることはありませんので、従業員の雇用や工事の質は、各業者の努力によって確保していくほか方法はないのです。

15　談合のルールを決める場に同席していた場合は

Q ▶ 当社の従業員が同業者の会合に参加したところ、突然、X市の行う入札について、受注予定者を選定するルールを決めようという話になり、その場でルールが決まったようです。当社の従業員は、そのまま何もいわず、その場に残っていたようですが、これは談合を行ったと認定されてしまうのでしょうか。

A ▶ 談合を行ったと認定される強いおそれがあります。

　談合が成立するのは、会合に参加した業者間に、受注予定者や入札価格等に関する合意がある場合です（**Q9**）。

　貴社の従業員は黙っていたということですが、仮にその従業員が、談合を行うことには反対だったが、そのような発言をしづらかったので黙っていたのだとしても、合意があったと認定される可能性は高いでしょう。

　なぜなら、貴社の従業員が受注予定者を選定するルールについての話がなされた時に黙っていたということは、一般的には、ルールを決めることに異存がなかったからと考えられます。つまり、黙っていたことが暗黙の合意（**Q6**）と考えられるわけです。したがって、ご質問のケースは、合意がなされたとして、談合を行ったと認定される強いおそれがあります。

■**ゴルフコンペで話し合ったら？**

　談合には、特別な話合いの場は必要ありません。たとえば、親睦ゴルフの場や忘年会のような酒席など、関係者が集まった場所で、受注予定者や入札価格等に関する合意がなされれば、それは談合となります。

第2章●談合と建設業

　もし、期せずして談合の話が始まった場合、談合には反対である意思を明確に表明し、退席すべきです。そして、そのような行動をとったことの証拠とするため、業務日誌などに記録して、上司に報告しておくなどの措置をとりましょう。

明確に拒否

上司に報告

記録に残す

16　同業者の受注意欲を確認しただけでも談合になる？

Q ▶ 当社は、Ｘ市の行う入札に参加する予定の同業者との間で、当該入札への受注意欲、営業活動実績、対象物件に関連した受注実績などについて情報交換を行いましたが、その程度でも談合を行ったと認定されてしまうのでしょうか。

A ▶ 談合を行ったと認定される強いおそれがあります。

　談合が成立するのは、会合に参加した業者間に、受注予定者や入札価格等に関する合意がある場合です（**Q9**）。

　当該入札への受注意欲、営業活動実績、対象物件に関連した受注実績といった情報は、受注予定者の選定に直結する情報であり、受注予定者を選定するつもりがないのであれば不要な情報です。このような情報交換をすれば、受注予定者に関する合意がなされたと認定されてもやむを得ないでしょう。したがって、ご質問のケースは、受注予定者に関する合意がなされたとして、談合を行ったと認定される強いおそれがあります。

　なお、ご質問にあるような情報を、他の業者と何ら連絡を取り合うこともなく、独自に収集したのであれば、談合を行ったと認定されることはありません。

> **ポイント**
> 　受注予定者の選定に結びつくと疑われる情報は、同業者と話さないようにすることが重要です。設問にあるような情報のほかにも、過去の指名回数や過去の受注実績について情報を交換することも問題となりえます。

17 別の指名業者に下請をさせたら談合になるのか

Q 当社は、X市が行った入札で落札した建設業者です。今回、落札した物件で工事をするにあたり、同じ入札に参加した建設業者Ａ社に一部業務を発注する予定です。このような発注を行った場合、談合を行ったと認定されてしまうのでしょうか。

A 事情によっては、談合を行ったと認定される強いおそれがあります。

　談合が成立するのは、会合に参加した業者間に、受注予定者や入札価格等に関する合意がある場合です（Q9）。

　この点、業務発注そのものは、受注予定者や入札価格等に関する合意ではありません。しかし、指名業者同士の取決めに基づいて受注予定者が受注した場合に、他の指名業者へ業務発注や金銭支払等を行うことは、受注しない指名業者にも利益を与える点で、受注予定者の決定を容易にし、強化するなどの効果があります。

　したがって、もし、貴社にこのような事情があれば、受注予定者や入札価格等に関する合意がなされたとして、談合を行ったと認定される強いおそれがあります。

　しかし、もし、このような事情がなく、貴社が真に業務上の必要性から、入札に参加した同業者に業務発注をしているケースであれば、受注予定者の決定が前提になっていませんので、談合を行ったと認定されることはありません。

18　業界団体に指名を受けたことを報告しても談合になる？

Q ▶ 当社は、同業者の有志でつくる業界団体Ａに所属していますが、発注者から入札参加の指名を受けたら、すぐにＡに報告するよう決められています。このルールに従って報告した場合、談合を行ったと認定されてしまうのでしょうか。

A ▶ 談合を行ったと認定されるおそれがあります。

　談合が成立するのは、会合に参加した業者間に、受注予定者や入札価格等に関する合意がある場合です（**Q9**）。

　入札参加の指名があったという情報は、それだけで受注予定者に直結する情報ではありません。しかし、業界団体がこのような情報を収集するのは、多くの場合、受注予定者を選定する前提として、入札参加者を把握しようとするためです。貴社がこのような情報を団体Ａに報告していたとすれば、受注予定者の選定行為に参加したとして、受注予定者を決定する合意をしたと認定される可能性があります。

　したがって、ご質問のケースは、受注予定者に関する合意がなされたとして、談合を行ったと認定されるおそれがあります。

19　JVの組合せを話し合ったら談合になるのか

Q ▶ 当社は、今度、ジョイントベンチャーを組んで、X市の行う入札に参加しようとしています。同じく入札に参加を予定していて、当社とジョイントベンチャーを組まない数社との間で会合を開いて、ジョイントベンチャーを構成する企業の組合せについて話し合った場合、談合を行ったと認定されてしまうのでしょうか。

A ▶ 談合を行ったと認定されるおそれがあります。

　談合が成立するのは、会合に参加した業者間に、受注予定者や入札価格等に関する合意がある場合です（**Q9**）。

　そもそも、入札に参加する予定の業者が、ジョイントベンチャーを組む相手方を選定するために必要な情報を収集することや、ジョイントベンチャーを組むための具体的な条件に関して他社と意見を交換することは、ジョイントベンチャーを組むうえで、当然必要な行為ですので、問題ありません。

　しかし、ジョイントベンチャーを組む可能性のない業者同士は、相互に競争関係に立つわけですから、わざわざ集まって情報交換をする必要はありません。このような情報交換をすれば、受注予定者を決定する合意をしたと認定される可能性があります。

　したがって、ご質問のケースは、受注予定者に関する合意がなされたとして、談合を行ったと認定されるおそれがあります。

20 業界団体に特別会費を払ったら談合になる？

Q 当社は、同業者の有志でつくる業界団体Aに所属していますが、通常会費以外に、公共工事を受注した場合には特別会費を支払うルールになっています。このようなルールに従った場合、談合を行ったと認定されてしまうのでしょうか。

A 談合を行ったと認定されるおそれがあります。

談合が成立するのは、会合に参加した業者間に、受注予定者や入札価格等に関する合意がある場合です（**Q9**）。

そもそも、業界団体が会員から団体運営に要する費用を徴収することは、受注予定者の選定や入札価格等の調整といった行為と関係ないため、問題となる行為ではありません。

そうすると、特別会費を徴収する行為も、受注予定者の選定や入札価格の調整といった行為と関係なく、問題とならないようにも思えます。

しかし、業界団体が特別会費を徴収する目的を考えた場合、合意した内容の実現に協力した業者に見返りで支払われるなど、受注予定者の選定を円滑にするためになされることが多いと思われます。貴社が団体Aに特別会費を支払っていたとすれば、受注予定者の選定行為に参加したとして、受注予定者を決定する合意をしたと認定される可能性があります。

したがって、ご質問のケースは、受注予定者に関する合意がなされ、談合を行ったと認定されるおそれがあります。

21 資材の価格について情報交換をしたら談合になるか

Q 当社は、X市の行う入札に参加する予定の業者との間で、入札対象となる工事の価格設定の根拠となる資材・役務の価格水準や動向について情報交換しましたが、談合を行ったと認定されてしまうのでしょうか。

A 談合を行ったと認定されるおそれがあります。

　談合が成立するのは、会合に参加した業者間に、受注予定者や入札価格等に関する合意がある場合です（Q9）。

　資材・役務の価格水準や動向の情報交換は、入札価格そのものの情報交換ではありません。

　しかし、資材・役務の価格水準や動向の情報交換は、入札価格に目安を与える行為であり、互いに入札価格を予測できることになるため、入札予定の業者間で最低入札価格等の合意をしたと認定される可能性があります。

　したがって、ご質問のケースは、入札価格に関する合意がなされ、談合を行ったと認定されるおそれがあります。

　なお、国土交通省の積算基準など、公表されている基準を用いて、一般的な積算方法などの勉強会を行うことは、原則として問題ありませんが、話が価格水準や動向に及ぶなどした場合には、工事価格に目安を与えることになり、問題があります。

22　共同研究開発を行ったら談合になるか

Q ▶ 当社は、施工期間の短縮やコスト軽減などを目的として、同業他社と施工技術について共同研究開発を行っていますが、談合を行ったと認定されてしまうのでしょうか。

A ▶ 談合を行ったと認定されません。

　談合が成立するのは、会合に参加した業者間に、受注予定者や入札価格等に関する合意がある場合です（**Q9**）。
　施工期間の短縮やコスト軽減などを目的として、同業他社と施工技術について共同研究開発を行い、必要な情報を交換したとしても、受注予定者や入札価格等とは関係のない情報交換ですので、受注予定者や入札価格等について合意がなされたと認定されることはありません。
　もっとも、たとえば、共同研究開発のテーマ以外のテーマについて研究開発をしないと相互に約束したり、共同研究開発の成果に基づく技術（製品）の販売価格を一定額に決めるといった行為が独禁法に反して許されないことは当然です。
　なお、共同研究開発にともなうどのような行為が独禁法上の問題となるのかについて、具体的な例を挙げて解説した「共同研究開発に関する独占禁止法上の指針」が公正取引委員会から発表されています。この指針は、公正取引委員会のホームページで見ることができます（http：//www.jftc.go.jp/dk/kyodokenkyu.html）。

23　民間工事であれば談合は関係ないか

Q ▶ 民間が発注する建設工事についても、同業他社と協議して請負代金を決めることは許されないのでしょうか。

A ▶ 価格カルテルとして違法であり、許されません。

　民間企業や個人が発注する建設工事に関して、建設業者が、同業他社と協議して請負代金を決めると、業者間の競争がなくなり、発注者は高い買い物を強いられることになりますし、技術の向上等についてのインセンティブも働きにくくなりますので、経済社会の活発さが失われることとなります。

　そこで、このような行為は、いわゆる価格カルテルとして「不当な取引制限」に該当し、独禁法により禁じられます。

　具体的には、建設業者が同業他社と協議して請負代金を決めることはもちろん、積算に使用する単価や、受注する工事の最低限の利益率など、請負代金につながる情報を交換することは、カルテルとみなされる可能性が高いでしょう。

　このような行為が許されないことは、民間企業が行う入札の場合についても同様です。

ポイント
　公共工事の入札、公共工事の随意契約、民間の入札、民間の契約のいずれの場面でも、同業他社との合意により受注予定者や請負代金等を決めることは独禁法違反となります。

COLUMN

談合はどうやって認定されるのか

　談合を取り締まるのは、基本的に公正取引委員会の仕事です。では、公正取引委員会はどのように談合の事実を認定するのでしょうか。一言でいえば、さまざまな「証拠」から認定します。この「証拠」には、直接、受注予定者や入札価格等に関する合意があったという事実（主要事実）を証明する証拠（直接証拠）と、そのような合意があったことを推定させる事実（間接事実）を証明する証拠（間接証拠）があります。一般的に状況証拠と呼ばれるものは、この間接証拠にあたります。

　直接証拠の例としては、受注予定者や入札価格等に関するルールが記載された議事録や協定書、会合に参加した者の「Ｘ市の入札について、受注予定者や入札価格等に関するルールを決めた」という供述などが考えられます。

　間接証拠の例としては、談合を行ったと疑われる会合の日時・場所をメモした手帳、入札参加者の受注意欲を記載したリストなどが考えられます。

主要事実	Ｘ市の入札について、受注予定者や入札価格等に関するルールを決めた。	← 証明 ―	直接証拠	・関係者の供述 ・議事録 ・協定書　など
	↑ 推定			
間接事実	・○月○日に××において会合が開かれた ・その会合では、入札参加者の受注意欲の確認がなされた　など	← 証明 ―	間接証拠	・会合の日時・場所をメモした手帳 ・入札参加者の受注意欲を記載したリスト　など

第3章

不公正な取引方法と建設業

24 採算割れでの応札は独禁法に違反するのか

Q ▶ X市の建設工事の入札について、売上目標達成のため、採算割れの金額で応札したいと考えていますが、これは独禁法に違反しますか。

A ▶ 独禁法に違反する場合があります。

　公共建設工事において、「供給に要する費用」（工事原価＋一般管理費）を著しく下回る対価、すなわち実行予算上の工事原価（直接工事費＋共通仮設費＋現場管理費）を下回る価格での落札は、独禁法が禁止する不当廉売に該当するおそれが高いと理解されています。その際、貴社の行為が繰り返しなされているか、貴社の行為による他の業者への影響があるか（事業活動を困難にさせるおそれがあるか）も考慮されます。

● **不当廉売の考え方**

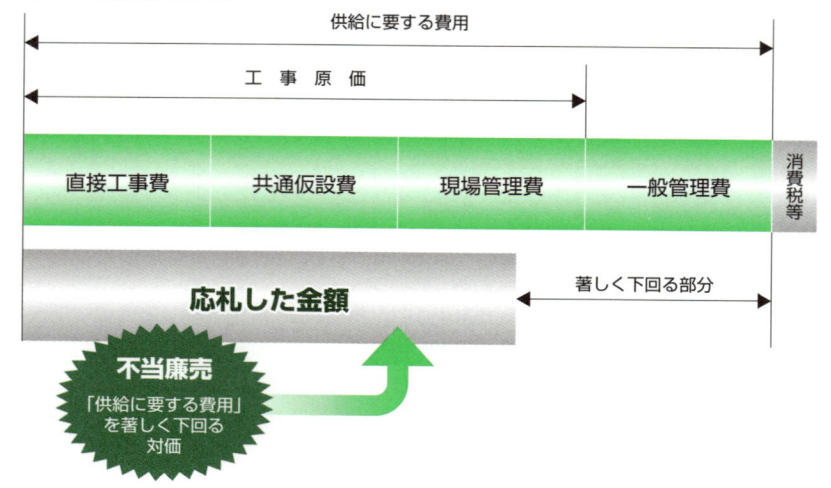

供給に要する費用				
工事原価				一般管理費	消費税等
直接工事費	共通仮設費	現場管理費	一般管理費	

応札した金額 ／ 著しく下回る部分

不当廉売
「供給に要する費用」を著しく下回る対価

第3章 ● 不公正な取引方法と建設業

　そこで、ご質問のケースでは、貴社が工事原価（直接工事費＋共通仮設費＋現場管理費）を下回る価格で受注する場合、特にそれが繰り返しなされている場合には、不当廉売として独禁法に違反する可能性が高いといえます。

　なお、改正独禁法では、一部の不当廉売に課徴金が課されることになりました（**Q31**）。

> 【公共入札における不当廉売が問題となった事案】*1
> ①　株式会社守谷商会に対する件（平成16年4月28日付警告）*2
> 　　長野県が平成15年度に発注した建設工事の入札において、守谷商会が、工事原価を下回る価格で繰り返して受注し、競争事業者の事業活動を困難にさせるおそれを生じさせた疑いのある事案
> ②　八千代エンジニヤリング株式会社に対する件（平成16年4月28日付警告）
> 　　山口県岩国市が発注したし尿処理施設の設計業務にかかる入札において、八千代エンジニヤリングが、工事原価を下回る価格で受注し、競争事業者の事業活動を困難にさせるおそれを生じさせた疑いのある事案
> 　＊1　①・②は公正取引委員会資料による
> 　＊2　「警告」の意味については**Q28**をご覧ください

25　非会員に対して取引の拒絶をしたら独禁法違反か

Q ▶ 当社は、同業他社と協会Aをつくり、ある特別な工法に必要な機械について、協会Aの会員以外に対して供給しないとの協定を結んでいます。独禁法に違反しますか。

A ▶ 正当な理由なく、このような協定を結んでいれば独禁法に違反します。

　ご質問のケースは、いわゆるボイコットと呼ばれるものです。
　このボイコットには、
① 　ご質問のケースに該当するような業者が共同で行う共同の取引拒絶（下の図表）
② 　業者が単独で行う単独の取引拒絶
があります。
　共同の取引拒絶とは、貴社が正当な理由なく、貴社と競争関係にあ

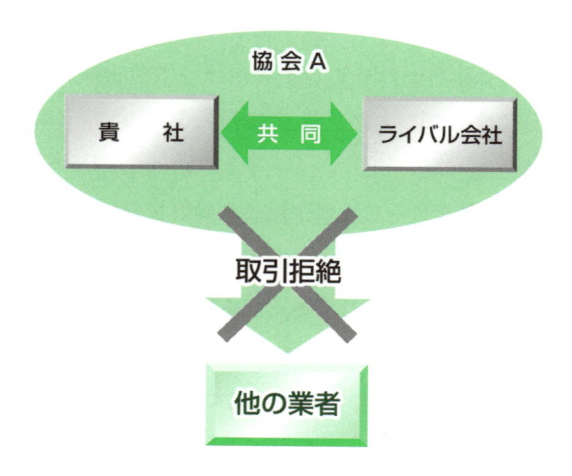

る業者（ライバル会社）と共同して、他の業者に対し、取引を拒絶したり、取引の内容に制限を加えたりすることです。

この共同の取引拒絶は、単独の取引拒絶とともに、独禁法により禁止されていますので、ご質問のケースは、正当な理由のない限り、独禁法に違反します。

なお、改正独禁法では、一部の共同の取引拒絶に課徴金が課されることになりました（**Q31**）。

【取引拒絶が問題となった事案】

ロックマン工法事件（平成12年10月31日付勧告審決）
　ロックマン工法という特殊な工法による土木工事を営んでいる施工業者17社が、ロックマン工法協会を設立して、同協会の非会員に対し、ロックマン工事に用いる専用機械の貸与および転売等を拒絶（共同の取引拒絶）するとともに、ロックマン工事の専用機械の販売会社が、非会員に対して、正当な理由なく、同機械の販売および貸与を拒絶（単独の取引拒絶）した事案

26 組合経由以外の販売を禁止した場合

Q 当社が加入している組合Aは、X県の指定する指定資材の大部分を販売する販売業者Bから資材を共同購入し、施工業者（組合員および非組合員）に供給しています。組合Aは、手数料収入の確保のため、販売業者Bに対して、その指定資材および類似資材の販売について、組合を通さない方法での販売を禁止したいと考えています。独禁法に違反しますか。

A 独禁法に違反します。

　独禁法は、業者が、その相手方とその取引先との取引・その他相手方の事業活動を不当に拘束する条件を付けてその相手方と取引する行為（拘束条件付取引）を禁止しています。

　ご質問のケースは、組合Aが指定資材の大部分を販売している販売業者Bとその取引の相手方である施工業者との直接取引を禁止し、販売業者Bを不当に拘束しているのですから、拘束条件付取引にあたります。このような行為は、たとえ組合にとって手数料を確保する必要があったとしても、正当化されるものではありません。

　したがって、そのような行為は独禁法に違反する行為です。

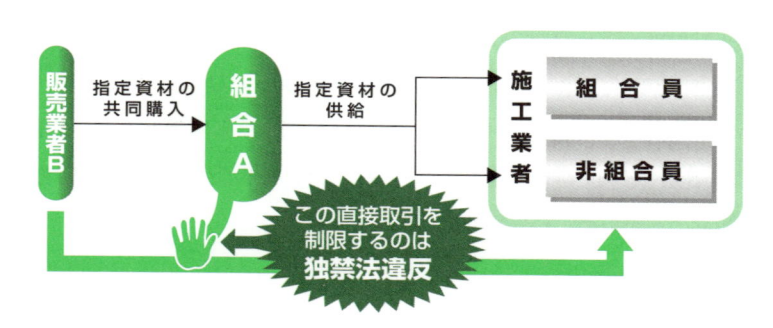

```
販売業者B →[指定資材の共同購入]→ 組合A →[指定資材の供給]→ 施工業者（組合員／非組合員）
この直接取引を制限するのは独禁法違反
```

27 独禁法上、下請業者との関係で注意すること

Q 同業者との集まりで、最近、下請業者とのトラブルが多くなってきていると耳にしました。たとえば、独禁法上では、特にどのようなことに気をつければいいのですか。

A 原価未満での下請発注の禁止、契約締結後の下請代金の減額禁止、下請代金の支払時期、目的物の引取時期などに気をつける必要があります。

建設業者は、下請業者との関係について、独禁法上、優越的地位の濫用に気をつける必要があります。

優越的地位の濫用とは、自分の地位が下請業者に優越していることを利用して、不当に下請業者に不利となる行為をすることです。

公正取引委員会は、この点に関し、「建設業の下請取引に関する不公正な取引方法の認定基準」を公表しています。その内容は、以下のとおりです。

■建設業の下請取引に関する不公正な取引方法の認定基準

〈完成確認検査の期限〉

建設業者は、下請工事が完成した旨の通知を受けた日から、20日以内に完成確認検査をしなければなりません。

〈目的物の引受期限〉

建設業者は、工事完成確認後、直ちに工事の目的物の引渡しを受けなければなりません（なお、工事完成時期から20日以内に引渡しを受ける特約がある場合には、その特約に従うことになります）。

〈下請代金の支払時期〉
　建設業者は、元請代金の支払いを受けた日から1か月以内に、相応する下請代金を支払わなければなりません。
　なお、特定建設業者は、（元請代金の支払いの有無にかかわらず）下請業者から工事の目的物の引渡しの申し出があった日から、50日以内に下請代金を支払わなければなりません。

〈支払方法の制限〉
　特定建設業者は、下請代金の支払いにおいて、割引困難な手形を交付することが禁止されています。

〈原価未満での下請発注の禁止〉
　建設業者が、取引上の地位を不当に利用して、原価未満の下請代金で下請をさせることは禁止されています。

〈契約締結後の下請代金の減額禁止〉
　建設業者が、下請契約締結後、正当な理由がないのに、下請代金を減額することは禁止されています。

〈資材等の指定の制限〉
　建設業者が、下請契約締結後、取引上の地位を不当に利用して、下請工事に使用する資材や資材の購入先等を指定することは禁止されています。

〈資材の購入代金の決済時期の制限〉
　建設業者が、下請工事用資材を有償で支給した場合に、下請代金の決済時期より前に、資材の購入代金を決済することは禁止されています。

〈報復措置の禁止〉
　建設業者が、下請業者が公正取引委員会などに上記に該当する違法な行為を知らせたことを理由に、報復措置をとることは禁止されています。

これらの場合を含め、下請業者との関係が優越的地位の濫用にあたる場合には、改正独禁法により、課徴金が課される場合があります（**Q31**）。

■**独禁法、建設業法、下請法の関係**

　建設業者は、上記のほかに、建設業法、下請法にも気をつける必要があります。どの法律が適用されるかは、下請業者に対する委託の内容によって異なります。下表をご覧ください。

法律 下請に 委託する内容	独禁法	建設業法	下請法
建設工事*	適用あり →「建設業の下請取引に関する不公正な取引方法の認定基準」で具体化	適用あり	適用なし
建設工事以外の業務（地質調査、測量業務、建設コンサルタント業務、設計業務など）	適用あり	適用なし	適用あり

＊　下請法は、建設業者が請け負う建設工事については同法の適用がないと定めています。その代わり、建設工事には、建設業法において下請法と同趣旨の規定が定められています

COLUMN

不公正な取引方法アレコレ

「不公正な取引方法」の例としては、Q＆Aで挙げた行為のほか、次のような行為があります。

① 抱き合わせ販売

売れ行きの良くない商品を売れ筋の商品とセットにして販売するような場合です。かつて、玩具の卸売業者が人気ゲームソフトを小売業者に販売するにあたって、在庫で残っていたゲームソフトをセットにして販売した行為が問題となったことがあります。

② 再販売価格の拘束

メーカーが販売業者に卸した商品について、メーカーの指定する価格で売らせるような場合です。家電量販店のチラシを見ると、「メーカー希望小売価格」という表記を見かけますが、これは「定価」ではない、つまり、再販売価格を拘束していないことを強調しているものです。

なお、CDや書籍など一部の商品は例外的に再販売価格の拘束が許されています。

③ 拘束条件付取引

価格以外の取引条件を拘束する取引形態です。かつて、人気ＴＶゲーム機を販売する有力会社が、小売業者に対し、本体やソフトの安売業者への横流しの禁止などを条件に販売した行為が問題となったことがあります（このケースでは、再販売価格の拘束も行われていました）。

第4章

独禁法違反に対する制裁

28　独禁法が課す制裁とは？

> **Q** ▶ 独禁法違反の行為をした場合に、独禁法上、どのような制裁が課されますか。

> **A** ▶ 排除措置命令、課徴金納付命令、刑罰が課され、また民事手続において損害賠償、差止を請求されることがあります（独禁法上の制裁）。また、排除措置命令や課徴金納付命令が出されない場合でも、独禁法違反のおそれがあれば、警告または注意がなされる場合もあります（行政指導）。

　公正取引委員会は、独禁法違反を認定した場合、法的措置として排除措置命令（**Q36**）、課徴金納付命令（**Q29**）を出し、悪質な場合は、刑事告発をします（**Q39**）。また、独禁法違反により、損害を被った被害者は、損害賠償を求め（**Q45**）、または独禁法違反行為を差し止めるよう求めることもできます。

　また、排除措置命令や課徴金納付命令が出されない場合であっても、公正取引委員会により、「警告」または「注意」がなされることがあります。

　警告とは、公正取引委員会が、独禁法違反の疑いはあるものの、法的措置（排除措置・課徴金納付命令等）をとるための証拠が足りないと考えた場合に、業者に対して是正措置を指導するものです。

　警告は公表されますので、業者は、その社会的評価が低下するなどの事実上の不利益を被ります。

　注意とは、公正取引委員会が、独禁法違反につながるおそれのある行為があると考えた場合に、将来的な違反行為を防ぐ観点から、業者

に対して、独禁法の考え方を説明して注意を促すものです（一般的な注意喚起）。この注意は、上記の警告とは異なり、公表されません。

		独禁法違反の行為					独禁法違反の疑い、または違反につながるおそれのある行為
		排除措置命令	課徴金納付命令	刑罰*1	民　事		警告・注意
					差止請求	損害賠償請求	
不当な取引制限		○	○	○	×	○	○
私的独占	支配型	○	○	○	×	○	○
	排除型	○	○(×)*2	○	×	○	○
不公正な取引方法		○	△(×)*3	×	○	○	○

＊１　改正独禁法では、懲役刑の上限が3年から5年に引き上げられました
＊２　改正独禁法では、排除型私的独占に課徴金が課されることになりました。なお、現行法では、課徴金納付命令の対象とはなっていません
＊３　改正独禁法では、下記類型の不公正な取引方法に課徴金が課されることになりました。なお、現行法では、課徴金納付命令の対象とはなっていません
　　（１）不当廉売、差別対価、共同の取引拒絶、再販売価格の拘束
　　　　（同一違反行為が繰り返された場合）
　　（２）優越的地位の濫用
　　　　（継続して行われた場合）

29 課徴金の金額はどのように決まるのか

Q ▶ 談合をした場合の課徴金は、どのように決まるのですか。

A ▶ 原則として、談合をしていた期間の売上額の10％または4％です。

　談合をしていた期間の売上額（Q32）に乗じる割合（10％か4％かなど）は、貴社が中小企業か大企業かにより異なります。また、早期の解消、再度の違反、主導的な役割を果たしていた場合（主導的事業者*）により、割合は増減されます（改正前は、主導的事業者に関する割合の増加はありません）。

　＊　主導的事業者とは、談合を計画し、かつ他の業者に対し談合に加わり、または離脱しないことを要求等した業者をいいます。

● 建設業の場合の課徴金の割合
（単位：％）

	原　則	早期解消[*1]	再度の違反[*2]	主導的事業者	再度の違反をした主導的事業者
中小企業[*3]	4	3.2	6	6	8
大 企 業[*4]	10	8	15	15	20

＊1　「早期解消」とは、違反行為の期間が2年未満で、調査開始日の1か月前までに違反行為を止めていた場合
＊2　「再度の違反」とは、調査開始日からさかのぼって10年以内に課徴金納付命令の対象となったことがある場合
＊3　「中小企業」とは、資本金3億円以下または従業員300人以下
＊4　「大企業」とは、資本金3億円超かつ従業員301人以上

第4章 ●独禁法違反に対する制裁

　なお、談合していた期間が3年よりも長い場合には、談合を止めた時からさかのぼって3年間のみの売上額が、課徴金の対象となります。

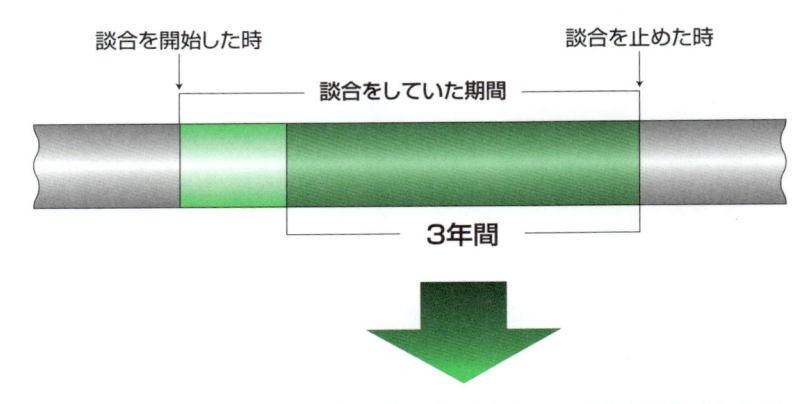

```
談合を開始した時              談合を止めた時
        ←―― 談合をしていた期間 ――→
                ←――― 3年間 ―――→
```

課徴金＝この期間の売上額の10％または4％

> **ポイント**
> 　課徴金の納期限は、公正取引委員会が課徴金納付命令書を発送した日から3か月を経過した日となります。もし、納期限までに支払いがなければ、原則年14.5％の延滞金が付いたうえ、最終的には強制的に徴収されます。必ず納期限までに支払うようにしましょう。

30 課徴金は何年前までの談合に課されるか

Q ▶ 当社は、2年前に談合を止めました。その場合でも、課徴金は課されますか。

A ▶ 課徴金納付命令の対象となります。

　改正独禁法では課徴金は、5年より前に談合（違反行為）が止められていた場合には、課されません（除斥期間）。

　5年より前に止めた違反行為は課徴金納付命令の対象とはなりませんが、ご質問のケースは2年前に談合を止めたということなので、課徴金納付命令の対象となります。課徴金納付命令の対象となる期間については、**Q29**をご覧ください。

　なお、改正前は、3年より前に談合を止めていた場合には、課徴金納付命令の対象とはなりません。

● **改正独禁法の場合**

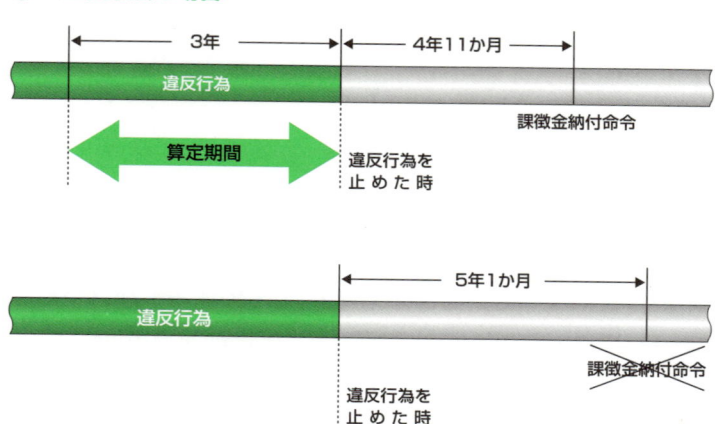

［図：違反行為（3年＝算定期間）→違反行為を止めた時→4年11か月→課徴金納付命令］

［図：違反行為→違反行為を止めた時→5年1か月→課徴金納付命令（対象外）］

31 談合以外の場合の課徴金は？

> **Q** ▶ 不当廉売、共同の取引拒絶、優越的地位の濫用等をした場合の課徴金は、いくらですか。

> **A** ▶ 不当廉売、共同の取引拒絶のケースは売上額の3％、優越的地位の濫用のケースは売上額の1％です。

　改正独禁法では、一部の共同の取引拒絶、一部の不当廉売については、過去10年以内に同様の違反行為をし公正取引委員会から処分を受けた場合には、売上額の3％（建設業の場合）の課徴金が課されます。

　優越的地位の濫用については、継続的に違反行為をしていた場合には、売上額の1％の課徴金が課されます。

　なお、違反行為をしていた期間が3年よりも長い場合には、違反行為を止めた時からさかのぼって3年間のみにおける売上額が、課徴金納付命令の対象となります。

● 建設業の場合の課徴金

違反行為類型	割合
不当廉売、共同の取引拒絶、差別対価、再販売価格の拘束	3％
優越的地位の濫用	1％
排除型私的独占	6％

32 課徴金の対象となる売上額とは？

Q ▶ 談合の場合の課徴金において、売上額はどのように計算するのですか。

A ▶ 問題となっている談合の期間中に、その談合によって得られた売上額によって、課徴金の金額が計算されます。

談合によって得られた売上額は、一般に、実行期間中に行われた入札により落札した場合の契約金額（契約書に記載された金額）を合計したものです。ここでいう実行期間中とは、入札談合の合意が行われた後、はじめての入札がなされてから、入札談合の合意の破棄が行われるまでの期間です。

● 課徴金の計算の仕方（例）

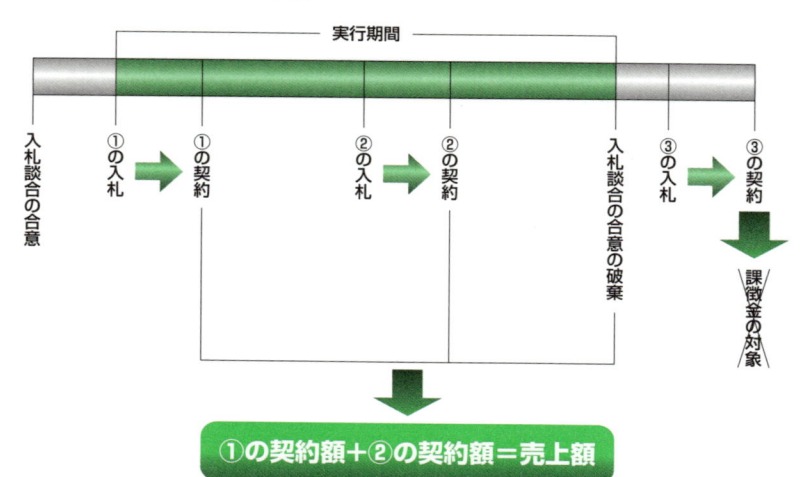

実行期間

入札談合の合意 → ①の入札 → ①の契約 → ②の入札 → ②の契約 → 入札談合の合意の破棄 → ③の入札 → ③の契約／課徴金の対象

①の契約額＋②の契約額＝売上額

たとえば、「X県が指名競争入札により発注するY病院の建設工事はA社が受注できるようにする」との談合の合意がなされ、その結果、A社が受注した場合、A社は、Y病院の建設工事による売上額の一定割合の課徴金の支払いを命じられます。

逆に、談合とはまったく無関係の業務による売上額は、課徴金算定の対象とはされません。たとえば、A社が、Y病院の建設に関する入札談合の受注者となっていた場合に、同時期に、その入札談合とは無関係に、発注者Bから、Z学校の建設に関して適法に受注した場合、Z学校の建設に関する売上は、課徴金算定の対象とはなりません。

33　課徴金の減免申請とは？

Q 独禁法では、自ら談合を認めれば、課徴金を減免してもらえる制度があると聞きましたが、それはどういったものですか。

A 自ら公正取引委員会に報告することにより、課徴金が減額・免除される制度で、改正独禁法では、最大限5社まで利用できます。

　業者が、自ら関与した談合の内容を公正取引委員会に所定の方法（Q34）で自主的に報告した場合、1番目の申請者は課徴金免除の対象となり、2番目から5番目の申請者は課徴金減額の対象となります。

	申請者の順番	課徴金の免除・減額
立入検査前	1番目の申請者	免除
	2番目の申請者	50%減額
	3番目の申請者	30%減額
	4番目の申請者	
	5番目の申請者	
立入検査後*	1～3番目の申請者	30%減額

＊　立入検査後の課徴金減額申請者は最大限3社までに限ります（立入検査前の申請者がゼロであった場合も同様）

　以上に加えて、公正取引委員会は、立入検査前の1番目の申請者には、独禁法上の談合について、刑事告発を行わない旨の方針をとって

第4章●独禁法違反に対する制裁

います。つまり、独禁法上の刑事処分が下されないということです（**Q**39）。

このような課徴金減免制度は、業者自身に談合についての情報を提供させて、談合の摘発を容易にするため、平成17年改正で導入されたものです。

> **ポイント**
>
> 課徴金減免申請に先立ち、公正取引委員会に対して、匿名による電話（03-3581-2100〔直通〕受付時間9：30～18：15）で、他社の申請状況（何社申請しているか）を問い合わせることができます。新たに申請しても課徴金減免が受けられないといった状況を避けるためには、事前に電話で確認しておいたほうがよいでしょう。

34 課徴金減免申請の方法

Q ▶ 課徴金減免の申請方法について教えてください。

A ▶ 所定の報告書に記入し、公正取引委員会にFAXで提出する必要があります。報告書の提出の方法は、課徴金減免申請受付専用FAXに限られています。FAX以外の電話や郵送などは不可です。

■ **所定の報告書の入手方法**

　公正取引委員会のホームページ（http://www.jftc.go.jp/dk/genmen/index.html）から無料で入手することができます（巻末資料2）。

■ **報告書（違反行為の通知）の提出先**

　課徴金減免申請受付専用FAX（03-3581-5599）で報告書を提出した後、原本を提出する必要があります。

■ **申請の流れについて**

① 　調査開始日（主に立入検査日をいいます）前の申請の場合

　最初の報告書（様式第1号）は、A4サイズで1～2枚程度の簡単なもので足ります。

　後日、公正取引委員会から、申請者に対し、申請の順位およびより詳細な事実を記載した報告書（様式第2号）、資料の提出期限が通知されます。

　申請者は、上記の期限までにそれら報告書や資料を提出する必要があり、これらの資料は持参、FAX、郵送のいずれも可能ですが、持参されることをおすすめします。

　なお、改正独禁法で認められた4番目、5番目の申請者は、公正取

● 課徴金減免申請の流れ

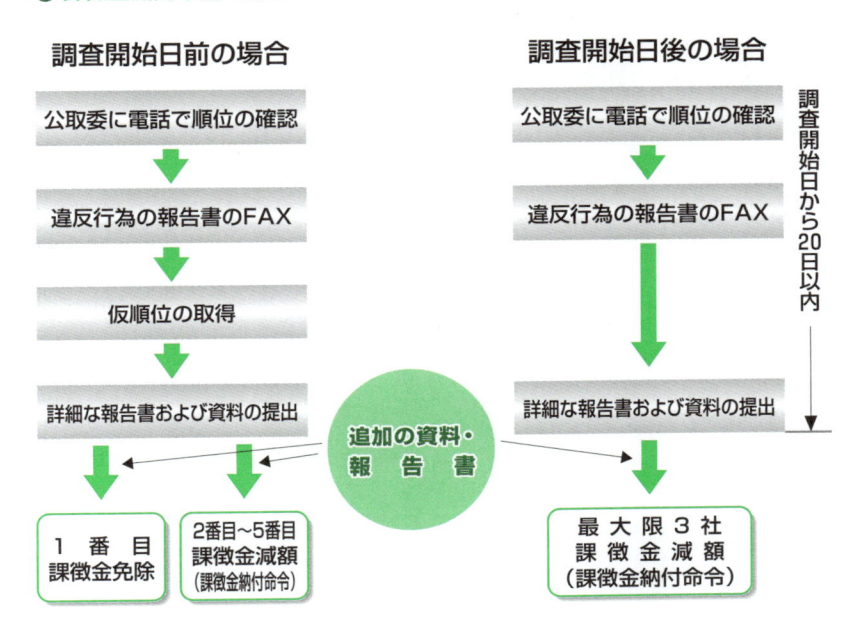

調査開始日前の場合

公取委に電話で順位の確認
↓
違反行為の報告書のFAX
↓
仮順位の取得
↓
詳細な報告書および資料の提出
↓
- 1番目 課徴金免除
- 2番目～5番目 課徴金減額（課徴金納付命令）

調査開始日後の場合（調査開始日から20日以内）

公取委に電話で順位の確認
↓
違反行為の報告書のFAX
↓
詳細な報告書および資料の提出
↓
最大限3社 課徴金減額（課徴金納付命令）

追加の資料・報告書

引委員会がいまだ把握していない事実にかかる報告および資料の提出が必要となります。

② 調査開始日後の申請の場合

調査開始日から20日間以内（土日等の閉庁日を除く）に、公正取引委員会に対して報告書（様式第3号）をFAXするとともに、関係資料を提出する必要があります。この報告書は、調査開始日前のものより、より具体的かつ詳細な事実を記載する必要があります。

気をつけなければならないことは、調査開始日後の申請の場合、申請の順位にかかわらず、公正取引委員会がいまだ把握していない事実にかかる報告および資料の提出でなければならないことです。すなわ

ち、調査開始日後にあっては、申請者は、すでに公正取引委員会が把握している事実を報告するだけでは課徴金を減額してもらえません。

③　申請後の協力義務

申請が調査開始日の前か後かにかかわらず、申請者は、申請後、公正取引委員会の調査に全面的に協力する必要があります。具体的には、公正取引委員会から要求される違反行為にかかる追加資料の提供および追加報告をする必要があります。

ポイント

改正独禁法では、課徴金減免制度を利用できるのは最大限5社まで（ただし、調査開始後は最大限3社まで）、かつ上順位のほうがより有利となります（**Q33**）。

調査開始日前の最初にFAXする報告書は、A4サイズで1～2枚程度の簡単なものですので、万が一談合をしてしまった場合には、早めに対応したほうが良いでしょう。

なお、課徴金減免制度を利用する際には、事前に、弁護士に相談されることをおすすめします。

35 親子会社で課徴金減免制度を利用できるか

Q 当社は、C社の親会社ですが、これまでC社とともに十数年にわたり談合にかかわってきました。今回、当社とC社は、課徴金を減額してもらおうと考えています。ところが、公正取引委員会に確認したところ、すでに4社が課徴金減免制度の適用を受けており、残り1社しか枠がないという回答でした。このような場合、当社とC社のいずれかしか制度を利用できないのでしょうか。

A 改正独禁法のもとでは、C社と共同して事実を報告し、資料を提出すれば、貴社もC社も課徴金減免制度を利用できます。

改正独禁法では、親子会社や兄弟会社など、同一企業グループ内にある複数の業者＊が課徴金減免制度を共同して利用することが可能です。

＊ 課徴金減免制度を利用する場合には、同一企業グループの関係にあるか、その他必要な条件を備えているかなど、弁護士に確認してください。

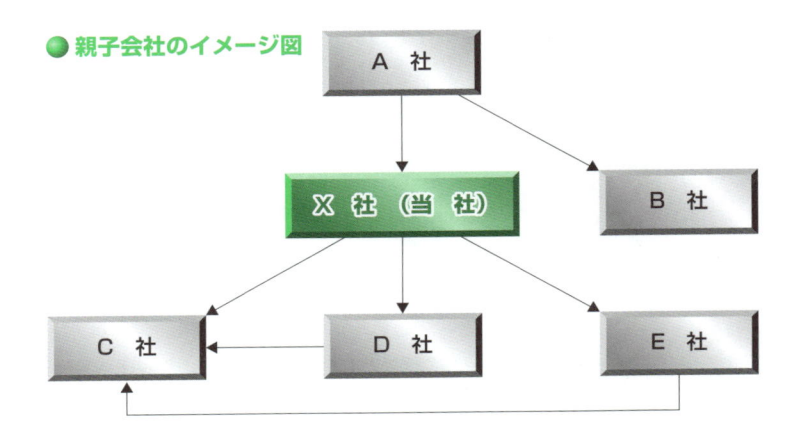

●親子会社のイメージ図

COLUMN

談合はいつからあったの？

　談合は、いつからなされるようになったのでしょうか。このことについて、読売新聞（平成17年6月26日朝刊）に興味深い記事が載っています。この記事によると、入札制度が始まったとされる16世紀末ごろ、すなわち豊臣秀吉の時代から、談合がなされていたようです。その後も、談合はなくならず、明治時代に、近代国家建設のための政府による大型工事の発注により、さらに談合が横行するようになったそうです。

　このように談合の歴史は、意外にも古いものです。十分な取締りが行われていなかった時代もありますが、改正独禁法は規制を強化しており（Q4）、公正取引委員会による取締りもいっそう強化されていくと考えられます。絶対に談合には関与しないようにしましょう。

出典　読売新聞 平成17年6月26日朝刊

36 排除措置命令とはどのようなものか

Q ▶ 排除措置命令とはどのようなものですか。

A ▶ 公正取引委員会が、業者に対して、違反行為を排除し、または違反行為が排除されたことを確保するために必要な措置をとることを命じる行政処分です。

命令の内容は、たとえば次のように具体的なものです。

①	入札談合の合意を破棄しなければならない
②	前記の合意（入札談合の合意）を破棄したことを、自社を除く当該談合にかかわった他社およびX市（発注者）に通知し、かつ、自社の従業員に周知徹底しなければならない
③	今後、当該談合にかかわった会社の間において、または他の会社と共同して、X市が発注する土木一式工事について、受注予定者を決定してはならない
④	今後、次の事項を行うために必要な措置を講じなければならない 　ア　公共工事の受注に関する独禁法遵守についての行動指針の作成または見直し 　イ　公共工事の受注に関する独禁法遵守についての、当該工事の営業担当者に対する定期的な研修および法務担当者による定期的な監査 　ウ　独禁法違反行為に関与した役員および従業員に対する処分に関する規程の整備または見直し
⑤	以上によりとった措置を公正取引委員会に速やかに報告しなければならない

なお、排除措置命令は、改正独禁法では5年（改正前は3年）より前に違反行為が止められていた場合には、出されません。

37 事業を譲り受けた場合の制裁の扱いは

Q 当社は、建設業を営むC社の親会社ですが、先日、C社から全事業の譲渡を受け、C社を清算させました。ところが、事業譲渡日の直前になって、C社が行った下水道工事に関して、公正取引委員会が談合の疑いでC社に立入検査に入りました。当社はC社の談合についてまったく知りませんでした。当社が談合を行っていたわけではありませんが、当社に対して課徴金納付命令や排除措置命令が出ることはあるのでしょうか。

A 改正独禁法では、貴社は、課徴金納付命令や排除措置命令の対象となります。

　改正独禁法では、違反行為をした会社が、公正取引委員会の調査が開始された後に、親子会社や兄弟会社など同一企業グループ内の会社（**Q35**）に事業譲渡し、その後消滅した場合、公正取引委員会は、事業を譲り受けた会社に対して、課徴金納付命令を出すことができます。

　また、違反行為をした業者（法人に限られない）が違反行為に関係する事業を別業者（法人に限られない）に譲渡した場合、公正取引委員会は、事業を譲り受けた業者（法人に限られない）に対して、排除措置命令を出すことができます。

38 独禁法違反で刑を科されるのは誰か

Q ▶ 談合を行った場合、独禁法上、誰が刑罰を科せられるのですか。

A ▶ ①話合いに参加した従業員、②その従業員の使用者である会社、③その会社の代表者です。

　独禁法には刑罰規定があり、私的独占や不当な取引制限（談合）を行った場合は刑罰の対象となります。

　まず、話合いに参加した従業員は、改正独禁法では「5年以下の懲役又は500万円以下の罰金」が科せられます（改正前は「3年以下の懲役又は500万円以下の罰金」）。

　次に、その従業員の使用者である会社自体は、「5億円以下の罰金」が科せられます（改正前も同じ）。

　さらに、会社の代表者が、談合の計画を知っていた、または談合が現に行われていることを知っていながら、防止・是正措置を講じなかった場合には、代表者は「500万円以下の罰金」が科せられます（改正前も同じ）。

　つまり、談合を行うと、実際に話合いに参加した従業員だけでなく、会社とその会社の代表者の三者が罰せられることになります。

　なお、独禁法とは別に、刑法に基づいて刑罰を科せられることについては、**Q40**をご覧ください。

39　談合を行うと必ず独禁法上の刑を科されるのか

Q ▶ 談合を行った場合、必ず独禁法上の刑罰を科されますか。

A ▶ 必ずしも科されるとはいえません。

　独禁法では、違反者に対する刑罰が定められていますが（Q38）、公正取引委員会が告発*1をしなければ、刑罰を科されることはありません。
　　*1　捜査機関に対して、刑事処分を求めること
　では、公正取引委員会は、どのような場合に告発をするのでしょうか。
　公正取引委員会の告発方針*2は公表されており、次の①または②のような事案について、公正取引委員会は、積極的に告発をするとしています。
　　*2　平成17年10月7日付「独占禁止法違反に対する刑事告発及び犯則事件の調査に関する公正取引委員会の方針」
①　国民生活に広範な影響を及ぼすと考えられる悪質かつ重大な事案
②　違反を反復して行っている、排除措置に従わないなど行政処分によっては独禁法の目的が達成できないと考えられる事案

　ただし、次のaおよびbの者については例外として告発を行わないとしています。
　a　立入検査の前に1番目に課徴金免除の申請をした業者（立入検査後の申請や、2番目以降の申請は、例外にあたりません）
　b　上記aの業者の役員、従業員等であって、調査への対応等において、その業者と同様に評価すべき事情が認められる者

　なお、独禁法とは別に、刑法に基づいて刑罰を科せられることがあります（Q40）。

40 独禁法とは別に刑法で刑を科されるのは

Q ▶ 公共工事について談合を行った場合、独禁法上の刑罰以外に、刑法上、誰にどのような刑罰が科せられますか。

A ▶ 刑法上は、実際に話合いを行った担当者に刑罰が科せられます。

　独禁法だけでなく、刑法にも公共工事における談合について刑罰規定があります。談合罪と呼ばれるもので、「公正な価格を害し又は不正な利益を得る目的で、談合した者」は、「2年以下の懲役又は250万円以下の罰金」が科せられます。

　ここでは、「談合した者」、つまり、話合いに参加した役員や従業員に刑罰が科せられることになります。会社に刑罰は科せられません。そのほか、談合に対する独禁法上の罪と異なる点は次のとおりです（独禁法上の談合の罪については **Q38～39** ）。

- 刑法上の談合罪は、公正取引委員会の告発がなくても、刑罰を科されます
- 刑法上の談合罪の刑罰は、独禁法上の談合の罪の刑罰よりも軽くなっています
- 刑法上の談合罪は、「公正な価格を害し又は不正な利益を得る目的」がなければ成立しませんが、独禁法上の談合の罪はこのような目的は不要です

　なお、話合いに参加した役員や従業員については、独禁法と刑法、どちらも適用される可能性があります。両方適用された場合、刑罰は合計されるわけではなく、重い独禁法上の刑罰が科されることになります。

41　独禁法・刑法による制裁以外の不利益は何があるのか

Q ▶ 談合を行った場合、独禁法に基づく制裁、刑法に基づく刑罰のほか、どのような不利益を受けますか。

A ▶ 指名停止処分、営業停止処分、建設業の許可の取消し、損害賠償請求といった不利益を受けます。

　談合を行った場合、独禁法に基づく制裁や刑法に基づく刑罰が科せられるだけではありません。以下のように、指名停止処分、営業停止処分、建設業の許可の取消し、損害賠償請求といった不利益も受けます。

■指名停止処分
　各行政機関（発注者等）は、建設業者が独禁法等に違反した場合、指名競争入札にあたり、一定期間、談合を行った建設業者の指名を停止します（**Q42**）。
　なお、指名停止期間中は、一般競争入札の参加資格も失います。

■営業停止処分、建設業の許可の取消し
　国土交通大臣または都道府県知事は、建設業者が独禁法等に違反した場合、建設業法に基づいて営業の停止を命じます（**Q43**）。特に悪質と判断した場合には、建設業の許可を取り消します。

■損害賠償請求
　談合が行われれば、落札価格は高くなります。そこで、近時、各行政機関（発注者）は、損害を被ったとして、損害賠償を請求することが多くなってきました（**Q45**）。

第4章●独禁法違反に対する制裁

　今では、指名停止処分、営業停止処分、建設業の許可の取消しといった各種処分に関する情報は、インターネットで公表されており、容易に検索できます（たとえば、営業停止処分や建設業の許可の取消しについては、国土交通省が専用のサイトをつくっています*）。
　談合を行えば、広く一般の人々に「法律違反をした業者」と認識されることも忘れてはいけません。

　　＊　「国土交通省ネガティブ情報等検索サイト」(http://www3.mlit.go.jp/)

42　指名停止の期間

Q ▶ 談合を行った場合の指名停止期間はどれくらいでしょうか。

A ▶ 事情によって異なり、通常は1か月～12か月の間です。

　各行政機関（発注者等）は、指名競争入札において、業者が独禁法に違反したり、刑法の談合罪で逮捕、起訴されたりした場合、中央公契連*が作成した「工事請負契約に係る指名停止等の措置要領」（中央公契連指名停止モデル）に準拠して、一定期間、指名を停止しています。

　　＊　中央公共工事契約制度運用連絡協議会の略。各省庁、独立行政法人等の主要
　　　公共工事発注者から構成される連絡協議会

　たとえば、この中央公契連指名停止モデルに基づく国土交通省の要領によれば、国土交通省が発注する工事に関する指名停止期間は、次のとおりです。

● 建設業者Aが独禁法に違反した場合

	東北地方整備局の所管区域でのAの指名停止期間	東北地方整備局以外の所管区域でのAの指名停止期間
例）国土交通省が東北地方整備局の所管区域内で発注した工事（直轄工事）で違反があった場合	3～12か月[1]	2～9か月[1]
例）国土交通省以外の団体（たとえば秋田県）が発注した工事で違反があった場合	2～9か月[1]	（1～9か月）[2]

[1]　指名停止期間の始まりは、国土交通省が「違反した業者が契約の相手方として不適当であると認定した日」

[2]　代表役員または一般役員が刑事告発を受けた場合に限り、指名停止となり、この場合の指名停止期間の始まりは、国土交通省が「刑事告発を知った日」となる

● 建設業者Aが刑法の競売入札妨害罪または談合罪を犯した場合

	逮捕または起訴された者	東北地方整備局の所管区域でのAの指名停止期間	東北地方整備局以外の所管区域でのAの指名停止期間
例）国土交通省が東北地方整備局の所管区域内で発注した工事（直轄工事）で違反があった場合	代表役員	4～12か月*	4～12か月*
	上記以外	3～12か月*	2～12か月*
例）国土交通省以外の団体（たとえば秋田県）が発注した工事で違反があった場合	代表役員	3～12か月*	3～12か月*
	上記以外	2～12か月*	1～12か月* （使用人等の逮捕は除く）

*　指名停止期間の始まりは、国土交通省が「逮捕又は公訴を知った日」

　上記は、国土交通省の例ですが、他の省庁や地方公共団体の指名停止要領は、ホームページで公表されていることが多く、簡単に調べられます。

　なお、建設業者が談合等による指名停止期間の満了後、3年経過する前に、再度、談合等を行い、指名停止処分を受ける場合、指名停止期間の短期は2倍になります。たとえば、原則が3か月～12か月という場合は、6か月～12か月という具合です。

　他方、独禁法違反の事案で、建設業者に課徴金減免制度（**Q33**）が適用され、その事実が公表された場合、運用上、指名停止期間を2分の1に短縮するよう、中央公契連で申合せがなされています。

43　営業停止の期間

Q ▶ 談合を行った場合の営業停止期間はどれくらいでしょうか。

A ▶ 事情によって異なりますが30日から1年の間です。

　国土交通大臣または都道府県知事は、建設業者が独禁法等に違反した場合、建設業法に基づいて営業の停止を命じます。
　国土交通省が定めた＊営業停止期間は、以下のとおりです。

　　＊　「建設業者の不正行為等に対する監督処分の基準について」（平成14年3月28日国総建第67号、平成19年10月1日改正）

① 　代表権のある役員（建設業者が個人である場合においてはその者）が刑に処せられた場合は、1年間営業を停止させます。
② 　その他の場合（代表権のある役員以外が刑に処せられた場合）は60日以上、営業を停止させます。もっとも、代表権のない役員や支店長などが刑に処せられたときは、120日以上と長くなります。
③ 　独禁法に基づく排除措置命令（Q36）または課徴金納付命令（Q29）が確定した場合は（課徴金の免除を受けた場合は、その旨の通知を受けたとき）、30日以上、営業を停止させます。

　もし、独禁法違反の談合により営業停止処分を受けた建設業者が、その営業停止期間の満了後、10年を経過するまでの間に再度独禁法違反の談合を行った場合、営業停止期間は上記期間の2倍になります（ただし、1年を超えることはありません）。
　なお、これまでは、運用上、地域を限定した営業停止処分が行われていましたが（たとえば、停止する営業を「東京都における建築工事業に

関する営業のうち、公共工事に係るもの又は民間工事であって補助金等の交付を受けているもの」とするなど)、平成19年10月1日以降の談合(不正行為等)については、原則として地域限定をしない運用となりました。これにより、営業停止処分を受けた業者は、より大きな経済的損失を被ることになるといえるでしょう。

● **独禁法違反の談合の場合**

代表権のある役員(建設業者が個人である場合においてはその者)が刑に処せられた場合		1年間
その他の場合	代表権のない役員または支店長などの政令で定める従業員が刑に処せられたとき	120日以上
	上記以外の従業員が刑に処せられたとき	60日以上
排除措置命令または課徴金納付命令が確定した場合(課徴金の免除を受けた場合を含む)		30日以上

● **刑法の競売入札妨害罪または談合罪の場合**

代表権のある役員(建設業者が個人である場合においてはその者)が刑に処せられた場合		1年間
その他の場合	代表権のない役員または支店長などの政令で定める従業員が刑に処せられたとき	120日以上
	上記以外の従業員が刑に処せられたとき	60日以上

44 営業停止中に行えない行為・行える行為

> **Q** ▶ 営業停止期間中は仕掛かり中の建設工事の施工も行えないのですか。

A ▶ 仕掛かり中の工事であれば行えます。

　営業停止といっても、会社の業務をいっさい行えないわけではありません。営業停止期間中に行えない行為と行える行為の例は次のとおりです。

■営業停止期間中に行えない行為
　①　新たな建設工事の請負契約の締結（仮契約等に基づく本契約の締結を含む）
　②　処分を受ける前に締結された請負契約の変更であって、工事の追加にかかるもの（工事の施工上特に必要があると認められるものを除く）
　③　①②および営業停止期間満了後における新たな建設工事の請負契約の締結に関する入札、見積り、交渉等
　④　営業停止処分に地域限定が付されている場合にあっては、当該地域内における①②③の行為
　⑤　営業停止処分に業種限定が付されている場合にあっては、当該業種にかかる①②③の行為
　⑥　営業停止処分に、（a）公共工事または（b）それ以外の工事にかかる限定が付されている場合にあっては、（a）または（b）にかかる①②③の行為

■営業停止期間中に行える行為
　①　建設業の許可、経営事項審査、入札の参加資格審査の申請*

② 処分を受ける前に締結された請負契約に基づく建設工事の施工
③ 施工の瑕疵に基づく修繕工事等の施工
④ アフターサービス保証に基づく修繕工事等の施工
⑤ 災害時における緊急を要する建設工事の施工
⑥ 請負代金等の請求、受領、支払い等
⑦ 企業運営上必要な資金の借入れ等

＊　指名停止期間中は一般競争入札の参加資格はありません。

たとえば営業停止中に……

できること　　　　　　　　できないこと

仕掛かり中の
現場での指示

新規契約の締結

45 損害賠償の金額

Q 損害賠償を請求された場合、どのくらいの額になりますか。

A これまでは、契約額の5％〜10％という場合がほとんどでしたが、今後は、契約額の10％〜15％という場合が増えると思われます。

■損　害

　談合が行われた場合、落札価格は、談合が行われなかった場合よりも高くなるのが通常です。談合が行われなければ下がったであろう落札価格と実際の落札価格との差額は、本来、国や地方公共団体は支払う必要がなかった金額ですから、損害が生じているということになり、工事を受注した建設業者は賠償しなければなりません。

　裁判になった場合には、裁判所が「相当な損害額」を認定できることになっており、これまでの傾向を見る限り、大体、契約額の5〜10％という認定がなされています。

■違約金条項

　損害賠償を請求する裁判が増えるにともない、損害の証明を容易にするため、契約書のなかに違約金条項を盛り込む例が増えています（都道府県・政令指定都市で98.3％、中核市・人口30万人以上の市で83.6％の導入率*）。

　　＊「公共調達における入札・契約制度の実態等に関する調査報告書」（平成18年
　　　10月・公正取引委員会事務総局）

　違約金の率については、契約額の10％以上15％未満とする例が一番多く、裁判で認定される損害額よりも高めに設定していることがわかります。

第4章 ● 独禁法違反に対する制裁

　ちなみに、国土交通省の場合は、契約額の10％を違約金とし、事案が特に悪質な場合には、さらに5％を加え、合計15％を違約金としています。

● **標準的な違約金の率**

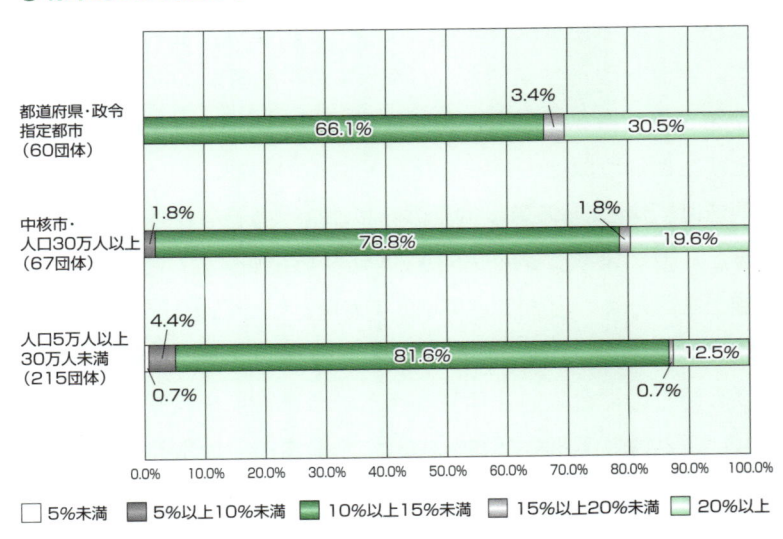

	5％未満	5％以上10％未満	10％以上15％未満	15％以上20％未満	20％以上
都道府県・政令指定都市（60団体）			66.1%	3.4%	30.5%
中核市・人口30万人以上（67団体）	1.8%		76.8%	1.8%	19.6%
人口5万人以上30万人未満（215団体）	0.7%	4.4%	81.6%	0.7%	12.5%

出典　公正取引委員会事務総局「公共調達における入札・契約制度の実態等に関する調査報告書」（平成18年10月）

COLUMN
談合をすると実刑になる？

　談合は、独禁法の「不当な取引制限」にあたりますが、これまで、「不当な取引制限」の罪で実刑判決が下されたことはありません。

　しかし、改正独禁法の成立により、その事情が変わってきそうです。実は、改正独禁法が、「不当な取引制限」の罪の懲役刑の上限を3年から5年に引き上げたこと（**Q38**）は、単に刑期を引き上げたという以上の意味を持っているのです。

　刑法は、3年以下の懲役刑に限って、執行猶予を付けることができるとしています。つまり、懲役4年や懲役5年という場合は、執行猶予を付けることができず、必ず実刑ということになるのです。

　改正独禁法が、「不当な取引制限」の罪について、執行猶予を付けることのできない4年や5年という懲役刑を科すことを可能にしたことは、実刑も辞さないという警告と受け取ることもできます。したがって、今後、談合を行った担当者等に対し、実刑判決が出されることも十分ありえます。

第5章 公正取引委員会の調査手続

46 公正取引委員会の調査はどのようなものか

> **Q** 談合事件について、公正取引委員会の調査はどのように行われるのですか。

> **A** 公正取引委員会の調査には、排除措置命令・課徴金納付命令を行うための行政調査と、刑事手続に移行するための犯則事件調査とがあり、それぞれ、事業所に立ち入って証拠品を押さえたり、関係者から事情を聴取するなどの調査が行われます。

公正取引委員会は、個別の情報提供、課徴金減免制度の申請などを受けて談合があったとの疑いを持つと、談合事件の事実関係を明らかにし、法的措置をとるため、調査(「審査」ともいいます)を開始します。

公正取引委員会が談合事件について行う調査には、以下の2種類があります。

① 行政調査

談合事件について、排除措置命令・課徴金納付命令を発するために公正取引委員会が行う調査です(次頁参照)。

公正取引委員会は、立入検査を行った後、関係者を順次呼び出し、立入検査で押さえた証拠等に基づいて事情を聴取します。

② 犯則事件調査

特に悪質な談合事件について、刑事手続に移行するために公正取引委員会が行う調査です(次頁参照)。

公正取引委員会は、裁判官の令状に基づいて事業所に立ち入り、必要な証拠を差し押さえた後、関係者から事情を聴取します。

第 5 章 ● 公正取引委員会の調査手続

● 行政調査の流れ

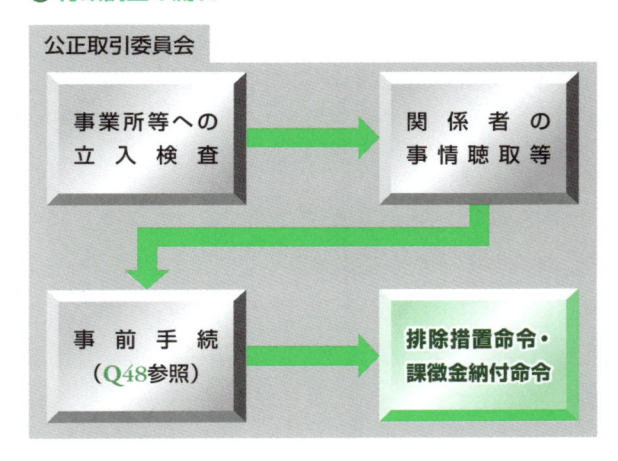

公正取引委員会

事業所等への立入検査 → 関係者の事情聴取等 → 事前手続（Q48参照） → 排除措置命令・課徴金納付命令

● 犯則事件調査の流れ

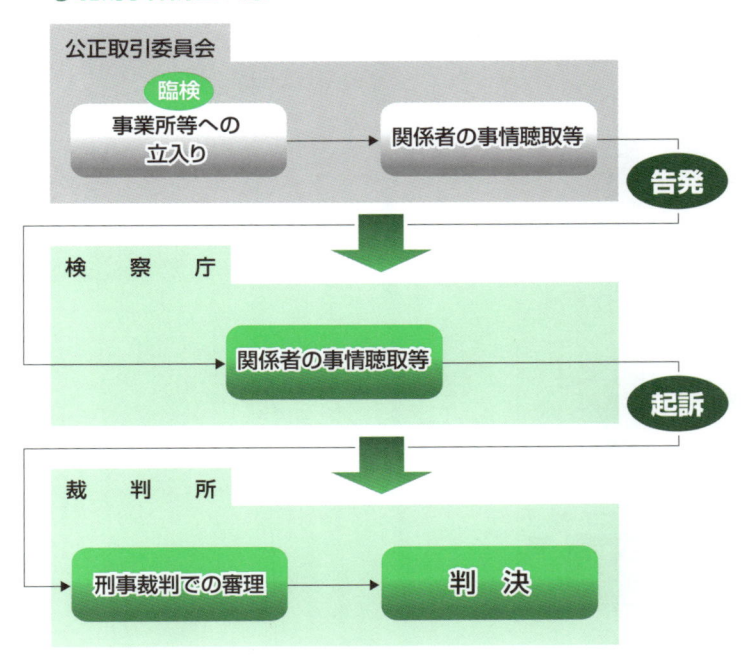

公正取引委員会

臨検
事業所等への立入り → 関係者の事情聴取等

告発

検察庁
関係者の事情聴取等

起訴

裁判所
刑事裁判での審理 → 判　決

77

公正取引委員会が犯則事件調査を終えると、事件は検察庁に引き継がれて刑事手続へと移行します。事件を引き継いだ検察庁は、さらに捜査を行って関係者を起訴し、裁判所において刑事事件手続が行われることになります。

　犯則事件調査は、犯則審査部という公正取引委員会の特別の部署が担当します。行政調査部門と犯則審査部との間には「ファイアーウォール」（組織、職員、情報等を分離することをいいます）があり、行政調査を担当する審査官は、調査の過程で犯則事件調査の手がかりとなるような事実を発見した場合にも、その事実を直接に犯則審査部職員に報告してはならないとされています。

47 立入検査はどのようなものか

> **Q** ▶ 立入検査では、公正取引委員会が予告もなく会社に立ち入ってきて、資料を持って行ってしまうのでしょうか。

> **A** ▶ そのとおりです。立入検査を拒むことは許されません。

　業者が談合を行った疑いが濃い場合、公正取引委員会は、行政調査手続の最初に、立入検査を行うことが一般的です。

　立入検査は、通常、談合に加わったと疑われるすべての業者の主な事務所や支所において一斉に行われており、ある日突然、何の予告もなく公正取引委員会の係官が訪問してきて、会社で保管している一切の関係資料、パソコン内のデータ、社員の机の中などを現場で検査したうえ、必要な資料を提出させて持ち帰ります。この立入検査を拒んだり、妨害したり、証拠隠滅を行うなどすると、刑罰の対象になりますので、そのような行為は決して行ってはなりません。

　なお、刑事手続に移行するための犯則事件調査の場合も、公正取引委員会は、裁判官の令状に基づき、各業者の事務所等に立ち入り（「臨検」といいます）、証拠書類・物を捜索して差し押さえることが一般的ですが、業者側の対応としては、行政調査における立入検査の場合と異なるところはありません。

> **ポイント**
> 　立入検査を受けた場合は、公正取引委員会の指示に従う一方、直ちに弁護士に相談してアドバイスを受けましょう。

48 立入検査の後はどうなるのか

> **Q** ▶ 立入検査の後、公正取引委員会はどのように行政調査を進めるのですか。

> **A** ▶ 立入検査後、公正取引委員会は、関係者から事情聴取したり、追加資料の提出を要求したうえで、業者が談合を行ったと確認できた場合には排除措置命令・課徴金納付命令を出します。

　公正取引委員会は、立入検査の後、提出を受けた証拠を分析したうえで、順次、関係者の事情聴取を行います。

　立入検査後の調査は、この事情聴取が中心となりますが、談合に直接関与した担当者はもちろんのこと、その上司、前任者なども幅広く聴取を受けることが一般的で、業者の規模等によっては社長が聴取を受ける例も多く見られます。

　また、公正取引委員会から、立入検査では得られなかった資料を追加して提出するよう求められたり、会社の概要や談合の対象となった工事の売上などについての報告を求められたりすることもあります。

　公正取引委員会は、このような調査を経て、業者が実際に談合を行っていたことを確認できた場合には排除措置命令・課徴金納付命令を出

ポイント
　公正取引委員会から事情聴取や資料提出を求められた際に、業務の調整がつかない場合は、聴取の日程や終了時刻、資料の提出時期などについて公正取引委員会係官に要望を述べ、業務との調整を図りながら最大限の協力をすることが必要です。

し、談合の事実を確認するに至らなかった場合にも、警告または注意を行うことがあります。

聴き取り　書類提出　指示を受ける

■ 事前手続

　なお、公正取引委員会は、排除措置命令・課徴金納付命令を出す場合、必ず、事前に、命令を受ける業者に対して、予定される命令の内容や公正取引委員会が認定した事実などを書面で通知したうえ、業者が意見を述べたり、証拠を提出する機会を与えることとなっています（事前手続）。

　この際、業者が希望すれば、公正取引委員会から、認定した事実やそれを基礎づける証拠についての説明を受けることもできます。

■ 調査期間

　調査に要する期間は、事案によりますが、半年から1年程度である場合が多いようです。

49 公正取引委員会に反論はできるのか

Q ▶ 公正取引委員会の立入検査を受けましたが、当社は談合をしたつもりはありません。公正取引委員会に反論する機会はあるのでしょうか。

A ▶ 立入検査後の調査の過程で、随時、公正取引委員会に意見を述べることができます。

　公正取引委員会の立入検査を受けた場合でも、「価格について他の業者と合意したことはない」「他社は協議を行っていたかもしれないが当社は協議に加わっていない」などと公正取引委員会に反論したい場合もあるでしょう。

　しかし、このような場合でも、立入検査は何の予告もなく行われますし、拒んだり妨害することは許されませんので、立入検査に対しては協力することが必要です。

　そこで、事前手続（**Q48**）において、また、立入検査の後、公正取

ポイント

　課徴金の金額は、談合の対象となった一定範囲の工事の売上に対するパーセンテージという形で形式的に決まりますので（**Q29**）、情状によって裁判官の裁量で量刑が決まる刑事裁判とは異なり、公正取引委員会の裁量で決めることはできません。そこで、談合せざるを得なかったという事情や情状を訴えるよりも、談合の成否、談合の対象とされている工事の範囲などについて的確な法的主張を行うことが重要になります。

引委員会の調査が続くなかで、随時、公正取引委員会に書面や口頭で意見を述べたり、談合を行っていないことを裏づける証拠を提出したりすることが有効です。

■ どのように反論するか

具体的には、談合があったと疑われている会合に出席した担当者のメモ、積算を行った際の資料やメモ、担当者等の陳述書、理論面についての参考文献や論文などさまざまな資料を提出することが考えられます。合理的な事情がある場合には、公正取引委員会係官は面談に応じてくれることも多く、弁護士を通じて主張を行っていくことも必要です。

また、どの範囲の工事の売上を基準として課徴金を算定するかという点は、支払う課徴金額に直結する重要な問題ですので、この点についても、公正取引委員会に対し十分に意見を述べる必要があります。

50 事情聴取の際の心得は

Q ▶ 公正取引委員会の事情聴取を受ける際に気をつけるべきことを教えてください。

A ▶ 供述調書を作成してもらう際に、供述した（話した）内容が正確に記載されるように気をつける必要があります。

　公正取引委員会の係官は、関係者の事情聴取を行うと、その内容を供述調書という書面にまとめ、供述した者に内容を確認させたうえで、署名・押印をするよう求めます。この供述調書の内容は、その後の独禁法の手続において重要な意味を持ってきますので、供述調書に正確な記載をしてもらうことは極めて重要です。

■内容を十分に確認する

　この点、供述調書に、自分が供述したとおりの事実が正確に記述されていれば、署名・押印し、公正取引委員会の調査に協力すべきです。

　しかし、供述の内容が係官に正確に伝わらず、係官に供述内容を誤解されたまま供述調書に記載されたり、別のニュアンスで記載されてしまうこともあります。もし、このように自分が供述した内容と供述

> **ポイント**
> 　事情聴取の際に係官とやりとりした内容は、供述調書という形で記録に残されます。そのため、審判や訴訟では、供述調書の記載が重視され、後から、「そのようなことは言っていない」と主張しても通用しないことが一般的です。供述調書に署名・押印する前に、内容が正確かどうか十分に確認しましょう。

調書の記載が異なっている場合には、署名・押印する前に訂正を求めることができます。

　したがって、自分が話した覚えのないことが供述調書に記載されていたり、ニュアンスが違って記載されていた場合などは、遠慮なく係官にその部分について訂正を求めるべきですし、万一、訂正に応じてもらえない場合には、署名・押印を拒否することもできます。

51　公正取引委員会への不服申立の仕方

Q 談合をしたつもりはないのに、排除措置命令・課徴金納付命令を受けてしまいました。とても納得できないのですが、不服を申し立てることはできますか。

A できます。まず審判請求を行うことができ、審決に不服があればさらに訴訟を提起することができます。

■審判請求

　公正取引委員会の調査中に、談合を行っていないという意見を述べたり、そのことを裏づける資料を提出するなどの対処をしたにもかかわらず、不本意にも排除措置命令・課徴金納付命令を受けてしまった場合には、命令の送達を受けた日から60日以内に、公正取引委員会に対し、審判の請求をすることができます。

　審判は、公正取引委員会が行う裁判に似た手続で、審判官による審理を経たうえで、公正取引委員会は、談合（違反行為）があったか否

ポイント

　審判請求をしても、課徴金納付命令の効力は失われず、課徴金を期限までに納付しない場合は延滞金を課されることとなります（延滞金は審判請求した場合には減額されます）。

　他方、審判請求をしつつも課徴金を納付した場合、後日、審決で課徴金納付命令が取消されるなどして納付済みの課徴金の還付を受けることとなったときは、一定の年率で計算した金額を付加した額の還付を受けることとなります。

かを判断し、排除措置命令・課徴金納付命令について審決をします。

■ **審決取消訴訟**

そして、審判手続でも「談合した事実はない」との主張が認められなかった場合には、審決書の送達を受けた日から30日以内に、東京高等裁判所に審決取消の訴えを提起することができます。

この審決取消の訴えは、全国どこの事件であっても、東京高等裁判所に提起することとなっており、東京高等裁判所では、特別に、5名の裁判官による合議体で審理を行います。

さらに、東京高等裁判所の判決に不服がある場合には、14日以内に、最高裁判所に対し、上告および上告受理の申立てをすることができます。

● **公正取引委員会の命令に対する不服申立の流れ**

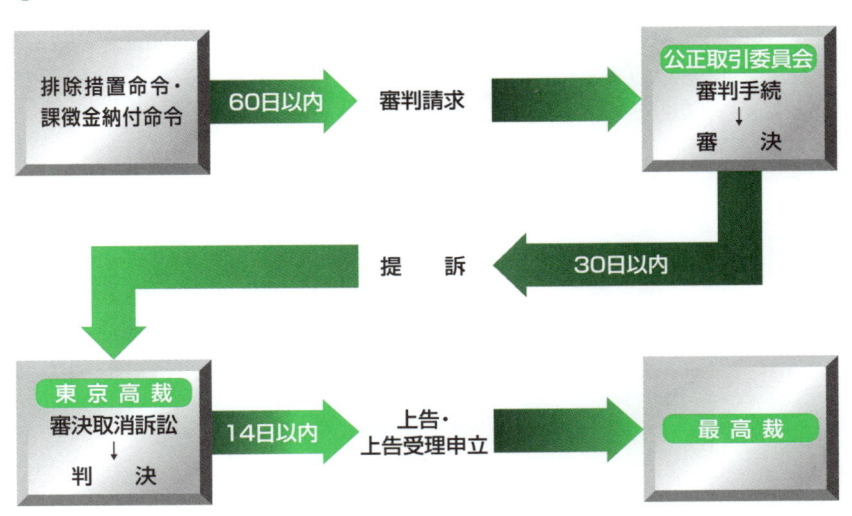

排除措置命令・課徴金納付命令 → 60日以内 審判請求 → 公正取引委員会 審判手続 → 審決 → 30日以内 提訴 → 東京高裁 審決取消訴訟 → 判決 → 14日以内 上告・上告受理申立 → 最高裁

COLUMN

公正取引委員会はどのようなところ？

　公正取引委員会は、主に独禁法を運用するために設置された内閣府の外局（中央省庁）です。

　中央省庁というと、「○○省」「△△庁」という名前がすぐに思い浮かぶかもしれませんが、公正取引委員会は、これらの省庁とは異なり、委員長と4名の委員で構成される合議制の機関ですので、「大臣」や「長官」はおりません。他から指揮監督を受けることなく、独立して職務を行うために、このような委員会制度がとられているのです。

　委員長や委員には、官僚、学者、裁判官、検察官、公正取引委員会職員などさまざまな経歴の方々が就任しています。

　そして、公正取引委員会の実務を行うために、委員会の下に事務総局が置かれており、約800名の職員が、独禁法違反事件の審査を行う審査局、合併などの企業結合や下請法の適用を取り扱う経済取引局、札幌・仙台・名古屋・大阪・広島・高松・福岡・那覇に置かれた地方事務所等に分かれて勤務しています（巻末資料4）。

資料

資料1
独占禁止法改正法の概要（抄録）

資料2
課徴金の減免に係る報告書 様式第1号（抄録）
課徴金の減免に係る報告書 様式第2号（抄録）
課徴金の減免に係る報告書 様式第3号（抄録）

資料3
談合に課された最近の課徴金額の例

資料4
公正取引委員会の窓口一覧（地方事務所を含む）

上記資料は公正取引委員会ホームページより作成

資料1 独占禁止法改正法の概要（抄録）

課徴金制度等の見直し

【課徴金の対象となる行為類型の拡大】
- 排除型私的独占
- 不当廉売、差別対価、共同の取引拒絶、再販売価格の拘束
  （同一の違反行為を繰り返した場合）
- 優越的地位の濫用

■課徴金算定率

（　　）内は中小企業の場合

（現行法）

	製造業等	小売業	卸売業
不当な取引制限	10%（4%）	3%（1.2%）	2%（1%）
支配型私的独占	10%	3%	2%

➕ 改正法で追加

（改正法）

	製造業等	小売業	卸売業
排除型私的独占	6%	2%	1%
不当廉売、差別対価等	3%	2%	1%
優越的地位の濫用	1%		

- 主導的事業者に対する課徴金を割増し
  - カルテル・入札談合等を主導した事業者に対し、課徴金を5割増しする
- 課徴金減免制度の拡充
  - 共同申請：同一企業グループ内の複数の事業者による共同申請を認める
  - 減免申請者数の拡大：調査開始前と開始後で併せて5社まで（ただし、調査開始後は最大3社まで）に拡大する（現行3社）
- 事業を承継した一定の企業に対しても排除措置命令・課徴金納付命令を可能にする
- 排除措置命令・課徴金納付命令に係る除斥期間を現行の3年から5年に延長する

資料1 ● 独占禁止法改正法の概要（抄録）

不当な取引制限等の罪に対する懲役刑の引上げ

① カルテル・入札談合等は後を絶たず、法人のみならず、実際に調整行為を行う個人に対する抑止力を確保することが重要であること
② 他の経済関係法令・諸外国競争法との比較においても、低い水準に留まること

から、不当な取引制限等の罪に係る自然人に対する罰則を以下のとおり引き上げる。

現　行
3年以下の懲役
又は500万円以下の罰金

↓

改　正　法
5年以下の懲役
又は500万円以下の罰金

■他の経済関係法令及び諸外国競争法における自然人に対する懲役刑等の上限

法令等	金融商品取引法		特許法		不正競争防止法		米国・反トラスト法（カルテル等）	カナダ・競争法（カルテル等）
	インサイダー取引等	風説の流布等	特許権等みなし侵害	特許権等侵害	不正競争行為等	営業秘密の詐取等		
懲役等	5年	10年	5年	10年	5年	10年	10年	5年

企業結合規制の見直し

【①株式取得の事前届出制の導入等】
- 会社の株式取得について、合併等の他の企業結合と同様に事前届出制を導入
- 届出閾値を現行の3段階（単体ベースで10％超、25％超及び50％超）から2段階（企業グループベースで20％超及び50％超）に簡素化

【②届出基準の見直し等】
- 株式取得等の届出基準を、以下の表のように見直し
- 外国会社についても国内会社と同様の届出基準を適用
- いわゆる叔父甥会社間の合併等同一企業グループ内の企業再編について、届出を免除
- 株式取得の事前届出制の導入に伴う共同株式移転に係る届出規定の整備等

	現 行 法	改 正 法
株式取得会社 （買収会社）	会社並びにその直接の国内の親会社及び子会社の総資産の合計額100億円超等	企業グループの国内売上高の合計額200億円超
株式発行会社 （被買収会社）	単体総資産10億円超（国内会社の場合）	会社及びその子会社の国内売上高の合計額50億円超

※合併、分割、事業等譲受けについても、同様の見直しを行う。

その他所要の改正

- 海外当局との情報交換に関する規定の導入
- 利害関係人による審判の事件記録の閲覧・謄写規定の見直し
  - 違反行為と関係のない事業者の秘密や個人情報など正当な理由がある場合には、開示を制限できる旨を明確化
- 差止訴訟における文書提出命令の特則の導入
  - 私人による不公正な取引方法に係る差止請求訴訟において、文書の提出を拒む正当な理由があるとき以外は、営業秘密等を含む文書であっても、裁判所は提出を命じることができる
- 損害賠償請求訴訟における求意見制度の見直し
  - 損害額に関する義務的な求意見制度を改め、裁判所が必要に応じて公正取引委員会の意見を求めることができる制度とする
- 職員等の秘密保持義務違反に係る罰則の引上げ
  - 10万円以下の罰金→100万円以下の罰金
- 事業者団体届出制度の廃止

資料2 課徴金の減免に係る報告書 様式第1号（抄録）

（平成21年7月31日現在）

様式第1号（用紙の大きさは，日本工業規格Ａ４とする。）

　　　　　　　　　課徴金の減免に係る報告書
　　　　　　　　　　　　　　　　　　　　　　　　平成　　年　　月　　日
公正取引委員会　あて
（ファクシミリ番号　０３－３５８１－５５９９）

　　　　　　　　　　　　　　　氏名又は名称
　　　　　　　　　　　　　　　住所又は所在地
　　　　　　　　　　　　　　　代表者の役職名及び氏名　　　　　　　　印

　　　　　　　　　　　　　　　連絡先部署名
　　　　　　　　　　　　　　　　担当者の役職名及び氏名
　　　　　　　　　　　　　　　　電話番号

　私的独占の禁止及び公正取引の確保に関する法律第７条の２第７項第１号，第８項第１号又は第２号（同法第８条の３において読み替えて準用する場合を含む。）の規定による報告を下記のとおり行います。
　なお，正当な理由なく，下記の報告を行った事実を第三者に明らかにはいたしません。

記

○　報告する違反行為の概要

1　当該行為の対象となった商品又は役務	
2　当該行為の態様	(1)
	(2)
3　開始時期（終了時期）	年　月（〜　年　月まで）

＊　「記載上の注意事項」は省略

資料2　課徴金の減免に係る報告書 様式第2号（抄録）

（平成21年7月31日現在）

様式第2号（用紙の大きさは，日本工業規格Ａ4とする。）

課徴金の減免に係る報告書

平成　年　月　日

公正取引委員会　あて

　　　　　　　　　　　　氏名又は名称
　　　　　　　　　　　　住所又は所在地
　　　　　　　　　　　　代表者の役職名及び氏名　　　　　印

　　　　　　　　　　　　連絡先部署名
　　　　　　　　　　　　担当者の役職名及び氏名
　　　　　　　　　　　　電話番号

　私的独占の禁止及び公正取引の確保に関する法律第7条の2第7項第1号，第8項第1号又は第2号（同法第8条の3において読み替えて準用する場合を含む。）の規定による報告を下記のとおり行います。
　なお，正当な理由なく，下記の報告を行った事実を第三者に明らかにはいたしません。

記

1　報告する違反行為の概要

(1) 当該行為の対象となった商品又は役務	
(2) 当該行為の態様	ア イ
(3) 共同して当該行為を行った他の事業者の氏名又は名称及び住所又は所在地	
(4) 開始時期（終了時期）	年　月　日（～　年　月　日まで）

2 当該行為に関与した報告者における役職員の役職名及び氏名

現在の役職名 及び 所属する部署	関与していた当時の役職名 及び所属していた部署 （当該役職にあった時期）	氏　名

3 共同して当該行為を行った他の事業者において当該行為に関与した役職員の氏名等

事業者名	現在の役職名 及び 所属する部署	関与していた当時の役職名 及び所属していた部署 （当該役職にあった時期）	氏　名

4 その他参考となるべき事項

5 提出資料
　次の資料を提出します。

番号	資料の名称	資料の内容の説明（概要）	備　考

＊ 「記載上の注意事項」は省略

資料2 課徴金の減免に係る報告書 様式第3号（抄録）

（平成21年7月31日現在）

様式第3号（用紙の大きさは，日本工業規格Ａ４とする。）

　　　　　　　　　　課徴金の減免に係る報告書

　　　　　　　　　　　　　　　　　　　　　　平成　　年　　月　　日

公正取引委員会　あて

（ファクシミリ番号　０３－３５８１－５５９９）

　　　　　　　　　　　　　氏名又は名称
　　　　　　　　　　　　　住所又は所在地
　　　　　　　　　　　　　代表者の役職名及び氏名　　　　　　　印

　　　　　　　　　　　　　連絡先部署名
　　　　　　　　　　　　　担当者の役職及び氏名
　　　　　　　　　　　　　電話番号

　私的独占の禁止及び公正取引の確保に関する法律第7条の2第9項第1号（同法第8条の3において読み替えて準用する場合を含む。）の規定による報告を下記のとおり行います。
　なお，正当な理由なく，下記の報告を行った事実を第三者に明らかにはいたしません。

　　　　　　　　　　　　　　　記

1　報告する違反行為の概要

(1) 当該行為の態様	ア
	イ
(2) 共同して当該行為を行った他の事業者の氏名又は名称及び住所又は所在地	
(3) 開始時期（終了時期）	年　月　日（～　年　月　日まで）

97

2 当該行為に関与した報告者における役職員の役職名及び氏名

現在の役職名 及び 所属する部署	関与していた当時の役職名 及所属していた部署 （当該役職にあった時期）	氏　名

3 共同して当該行為を行った他の事業者において当該行為に関与した役職員の氏名等

事業者名	現在の役職名 及び 所属する部署	関与していた当時の役職名 及所属していた部署 （当該役職にあった時期）	氏　名

4 当該行為の対象となった商品又は役務

5 当該行為の実施状況及び共同して当該行為を行った他の事業者との接触の状況

6 その他参考となるべき事項

7 提出資料
　　次の資料を提出します。

番号	資料の名称	資料の内容の説明（概要）	備　考

＊　「記載上の注意事項」は省略

資料3 談合に課された最近の課徴金額の例

番号	事件名	違反行為の概要	対象者数	課徴金額（万円）	命令日
①	大成建設（株）ほか33名に対する件 平成14年（判）第1号ないし第28号、第32号及び第34号	財団法人東京都新都市建設公社が発注する特定土木工事について、共同して、受注予定者を決定し、受注すべき価格は受注予定者が定め、受注予定者以外の者は、受注予定者がその定めた価格で受注できるようにしていた。	30	60,202	H20.7.24
②	愛媛県が発注するのり面保護工事の入札参加業者に対する件 平成20年（納）第41号ないし第43号	愛媛県が指名競争入札の方法により土木部、地方局建設部及び土木事務所において発注するのり面保護工事について、共同して、受注予定者を決定し、受注予定者が受注できるようにしていた。（平成16年（判）第29号）	3	5,303	H20.9.3
③	札幌市が発注する下水処理施設に係る電気設備工事の入札参加業者に対する件 平成20年（納）第46号ないし第53号	札幌市発注の特定電気設備工事について、当該工事の入札前に、札幌市の職員から落札予定者として意向を示された者を受注予定者とし、受注予定者が受注できるようにしていた。（平成20年（措）第18号）	8	42,530	H20.10.29
④	国家石油備蓄会社が発注するエンジニアリング業務の入札参加業者に対する件 平成14年（判）第36号	国家石油備蓄会社の本社が被勧告人7社のうち複数の者を指名して、指名競争入札等の方法により発注する石油貯蔵施設等の保全等工事について、共同して、受注予定者を決定し、受注予定者が受注できるようにしていた。	1	14,247	H19.6.12
⑤	防衛施設庁が発注する土木・建築工事の入札参加業者らに対する件 平成19年（措）第11号	防衛施設庁が一般競争入札等の方法により発注する特定土木・建築工事のうち、業界側連絡役等から防衛施設庁の職員が行った割り振りの結果の伝達を受けた工事について、共同して、受注予定者を決定し、受注予定者が受注できるようにしていた。	51	305,074	H19.6.20

番号	事件名	違反行為の概要	対象者数	課徴金額（万円）	命令日
⑥	（株）竹中土木ほか1名に対する件 平成16年（判）第7号	大阪市が指名見積り合わせの方法により水道局において発注する水道局東部工事事務所の管轄区域及び水道局北部工事事務所の管轄区域を施工場所とする配水設備修繕工事について、受注予定者を決定し、受注予定者が受注できるようにしていた。	2	11,260	H19.7.30
⑦	新潟市が発注する下水道推進工事の入札参加業者に対する件 平成16年（判）第18号	新潟市が制限付一般競争入札等の方法により発注する推進工法又はシールド工法を用いる下水管きょ工事及び汚水管布設工事について、共同して、受注予定者を決定し、受注予定者が受注できるようにしていた。	3	33,342	H19.9.27
⑧	新潟市が発注する建築工事の入札参加業者に対する件 平成16年（判）第20号	新潟市が制限付一般競争入札等の方法により発注するAの等級に格付している者のみを入札参加者として発注する建築一式工事について、共同して、受注予定者を決定し、受注予定者が受注できるようにしていた。	3	20,607	H19.9.27
⑨	名古屋市が発注する地下鉄工事の入札参加業者らに対する件 平成19年（措）第15号	名古屋市が一般競争入札の方法により発注する高速度鉄道第6号線野並・徳重間延伸事業に係る土木一式工事について、共同して、受注予定者を決定し、受注予定者が受注できるように協力する旨を合意していた。	14	192,030	H19.11.12
⑩	旧首都高速道路公団等が発注するトンネル換気設備工事等の入札参加業者に対する件	旧首都高速道路公団が一般競争入札の方法により発注する首都高速道路中央環状新宿線トンネル換気設備工事について、共同して、受注予定者を決定し、受注予定者が受注できるようにしていた。	4	100,970	H18.9.8
⑪	沖縄県が発注する土木一式工事の入札参加業者に対する件 平成18年（措）第1号	沖縄県が競争入札の方法により発注する土木一式工事について、共同して、受注予定者を決定し、受注予定者が受注できるようにしていた。	99	195,517	H18.3.29
⑫	沖縄県が発注する建築一式工事の入札参加業者に対する件 平成18年（措）第2号	沖縄県が競争入札の方法により発注する建築一式工事について、共同して、受注予定者を決定し、受注予定者が受注できるようにしていた。	72	110,467	H18.3.29

資料4 公正取引委員会の窓口一覧（地方事務所を含む）

名　称	住　所	電話番号等
公正取引委員会	〒100-8987 東京都千代田区霞が関1-1-1	☎03-3581-5471（代表）
課徴金減免管理官		☎03-3581-2100（直通）
課徴金減免申請書送付先		FAX 03-3581-5599
公正取引委員会事務総局 北海道事務所	〒060-0042 札幌市中央区大通西12丁目 札幌第3合同庁舎5階	☎011-231-6300
公正取引委員会事務総局 東北事務所	〒980-0014 仙台市青葉区本町3-2-23 仙台第2合同庁舎8階	☎022-225-7095（代表）
公正取引委員会事務総局 中部事務所	〒460-0001 名古屋市中区三の丸2-5-1 名古屋合同庁舎第2号館3階	☎052-961-9421
公正取引委員会事務総局 近畿中国四国事務所	〒540-0008 大阪市中央区大手前4-1-76 大阪合同庁舎第4号館10階	☎06-6941-2173（代表）
公正取引委員会事務総局 近畿中国四国事務所 中国支所	〒730-0012 広島市中区上八丁堀6-30 広島合同庁舎第4号館10階	☎082-228-1501
公正取引委員会事務総局 近畿中国四国事務所 四国支所	〒760-0068 高松市松島町1-17-33 高松第2地方合同庁舎5階	☎087-834-1441
公正取引委員会事務総局 九州事務所	〒812-0013 福岡市博多区博多駅東2-10-7 福岡第2合同庁舎別館2階	☎092-431-5881
内閣府沖縄総合事務局 総務部公正取引室	〒900-0006 那覇市おもろまち2-1-1 那覇第2地方合同庁舎2号館6階	☎098-866-0031（代表） ☎098-866-0049（直通）

Profile

■ 監修者紹介

渡邉 新矢（わたなべ しんや）
弁護士
昭和54年弁護士登録（第二東京弁護士会所属）。昭和59年米国コーネル大学ロースクール卒業。現在、外国法共同事業ジョーンズ・デイ法律事務所パートナー。『Q＆Aでスッキリわかる IT社会の法律相談』（一部監修）（清文社）、『独占禁止法の法律相談』（共著）（青林書院）などのほか、書籍・論文を多数執筆。
第二東京弁護士会経済法研究会代表幹事、日本弁護士連合会独占禁止法改正問題ワーキンググループ委員

■ 執筆者紹介（五十音順）

大軒 敬子（おおのき たかこ）
弁護士、上智大学法科大学院非常勤講師
平成16年弁護士登録（第二東京弁護士会所属）。現在、ホワイト＆ケース法律事務所に所属。
第二東京弁護士会経済法研究会会員、米国商工会議所Competition Policy Task Force委員
　（執筆担当：Q1・2・5・24～34・36・50）

坂井 雄介（さかい ゆうすけ）
弁護士
平成15年弁護士登録（第二東京弁護士会所属）。現在、木挽町総合法律事務所に所属。
第二東京弁護士会経済法研究会会員
　（執筆担当：Q4・8・9・11・15～22・35・37～45）

大東 泰雄（だいとう やすお）
弁護士
平成14年弁護士登録（第二東京弁護士会所属）。本書脱稿時、のぞみ総合法律事務所に所属。
第二東京弁護士会経済法研究会会員
　（執筆担当：Q3・6・7・10・12～14・23・46～49・51（平成21年3月脱稿））

平成21年6月改正対応　建設業者のための独占禁止法入門
2009年8月25日　初版発行

監修者／著者　渡邉新矢／大軒敬子・坂井雄介・大東泰雄 ©

発　行　者　小泉定裕

| 発行所 | 株式会社 清文社 | 東京都千代田区神田司町2-8-4（吹田屋ビル）〒101-0048　電話 03(5289)9931／FAX 03(5289)9917 |
| URL：http://www.skattsei.co.jp | | 大阪市北区天神橋2丁目北2-6（大和南森町ビル）〒530-0041　電話 06(6135)4050／FAX 06(6135)4059 |

株式会社 ミズカミ

■本書の内容に関するご質問はファクシミリ（03-5289-9887）でお願いします。
■著作権法により無断複写複製は禁止されています。落丁本・乱丁本はお取り替えいたします。

ISBN978-4-433-36559-2